Jean Claude Ndom
Joseph Tanyi Mbafor
Joli Mpondo

LES Nouveaux antibactériens Et Antifongiques Naturels

Jean Claude Ndom
Joseph Tanyi Mbafor
Joli Mpondo

LES Nouveaux antibactériens Et Antifongiques Naturels

Des antifongiques et antibactériens issus des plantes médicinales Crépis cameroonica et Senecio burtonii

Presses Académiques Francophones

Mentions légales / Imprint (applicable pour l'Allemagne seulement / only for Germany)
Information bibliographique publiée par la Deutsche Nationalbibliothek: La Deutsche Nationalbibliothek inscrit cette publication à la Deutsche Nationalbibliografie; des données bibliographiques détaillées sont disponibles sur internet à l'adresse http://dnb.d-nb.de.

Toutes marques et noms de produits mentionnés dans ce livre demeurent sous la protection des marques, des marques déposées et des brevets, et sont des marques ou des marques déposées de leurs détenteurs respectifs. L'utilisation des marques, noms de produits, noms communs, noms commerciaux, descriptions de produits, etc, même sans qu'ils soient mentionnés de façon particulière dans ce livre ne signifie en aucune façon que ces noms peuvent être utilisés sans restriction à l'égard de la législation pour la protection des marques et des marques déposées et pourraient donc être utilisés par quiconque.

Photo de la couverture: www.ingimage.com

Editeur: Presses Académiques Francophones est une marque déposée de
Südwestdeutscher Verlag für Hochschulschriften GmbH & Co. KG
Heinrich-Böcking-Str. 6-8, 66121 Sarrebruck, Allemagne
Téléphone +49 681 37 20 271-1, Fax +49 681 37 20 271-0
Email: info@presses-academiques.com

Produit en Allemagne:
Schaltungsdienst Lange o.H.G., Berlin
Books on Demand GmbH, Norderstedt
Reha GmbH, Saarbrücken
Amazon Distribution GmbH, Leipzig
ISBN: 978-3-8381-7076-3

Imprint (only for USA, GB)
Bibliographic information published by the Deutsche Nationalbibliothek: The Deutsche Nationalbibliothek lists this publication in the Deutsche Nationalbibliografie; detailed bibliographic data are available in the Internet at http://dnb.d-nb.de.

Any brand names and product names mentioned in this book are subject to trademark, brand or patent protection and are trademarks or registered trademarks of their respective holders. The use of brand names, product names, common names, trade names, product descriptions etc. even without a particular marking in this works is in no way to be construed to mean that such names may be regarded as unrestricted in respect of trademark and brand protection legislation and could thus be used by anyone.

Cover image: www.ingimage.com

Publisher: Presses Académiques Francophones is an imprint of the publishing house
Südwestdeutscher Verlag für Hochschulschriften GmbH & Co. KG
Heinrich-Böcking-Str. 6-8, 66121 Saarbrücken, Germany
Phone +49 681 37 20 271-1, Fax +49 681 37 20 271-0
Email: info@presses-academiques.com

Printed in the U.S.A.
Printed in the U.K. by (see last page)
ISBN: 978-3-8381-7076-3

LES NOUVEAUX ANTIBACTERIENS ET ANTIFONGIQUES NATURELS

SOMMAIRE

ABREVIATIONS

CCM	Chromatographie sur couche mine
HMBC	Heteronuclear multiple bond coherence
HSQC	Heteronuclear selectivity quantum connectivity
IE	Impact electronique
NOESY	Nuclear Overhauser effet spectroscopy
RDA	Retro Diels Alder
PF	Point de fusion
SM	Spectroscopie de Masse
UV	Ultra Violet
RMN	Résonance Magnétique Nucléaire

RESUME

Le travail présenté dans cette thèse porte sur l'isolement, l'étude structurale et l'activité antibactérienne et antifongique de quelques constituants chimiques isolées de deux plantes médicinales: *Crepis cameroonica* et *Senecio burtonii.(Asteraceae).* Les extraits methanoliques obtenus de ces deux espèces ont fourni au moyen des techniques de séparation et de purifications chromatographiques quatorze (14) composés. Parmi ces métabolites secondaires, quatre (04) sont les dérivés nouveaux isolés pour la première fois des substances naturelles. De plus, ces composés ont été testés sur les souches bactériennes et fongiques.

La première partie de cette thèse donne un aspect botanique, ethnopharmacologique et décrit les travaux antérieurs sur les genres *Crepis* et *Senecio* rencontrés. Elle traite également l'étude de quelques méthodes spectroscopiques utilisées dans l'élucidation structurale des produits isolés. Dans le souci de confirmer les structures des composés isolés par voie chimique, quelques transformations chimiques telles que l'acétylation et l'hydrolyse basique ont été envisagées.

La deuxième partie porte l'extraction, l'isolement et la caractérisation des différents produits isolés des deux plantes étudiées. La description structurale des composés isolés utilisant des méthodes spectroscopiques 1D (RMN ^{1}H, ^{13}C) et 2D (HMQC, HMBC, NOESY, COSY) ainsi la spectroscopie de masse s'est faite par classe de composés: les sesquiterpenoïdes, les diterpenoïdes et les stéroïdes. En plus des produits déjà publiés dans la littérature, nous avons isolé et caractérisé trois nouveaux diterpènes dont deux de la classe des guaianolides (3β, 9β-dihydroxyguaian-4(15),10(14),11(13)-trien- 6, 12-olide, 8α-hydroxy-4α (13), 11β(15)-tetrahydrozaluzanin C isolés de *Crepis cameroonica,* et un de la classe des cacalolides ((4α-[2'-hydroxymethylacryloxy]- 1β-hydroxy- 14(5-6) abeo eremophilan-12, 8 olide) isolé de *Senecio burtonii*. En plus de ces diterpènes, un dérivé de l'acide shikimique ((3'E-(1α)-3- hydroxymethyl-(4β, 5α)dimethoxucycohex-2-enyloctadec-3'-enoate) isolé *Senecio burtonii*

La troisième partie traite des tests antifongiques et antibactériens de quelques constituants chimiques isolés de l'espèce *Crepis cameroonica*. Les résultats satisfaisants obtenus sur les extraits aqueux et methanoliques et sur les produits isolés confirment l'utilisation de cette plante dans la pharmacopée Camerounaise. L'activité antibactérienne et antifongique sur des souches représentatives des bactéries Gram positive et Gram négatif a été observée sur les sesquiterpenoids isolés de *Crepis cameroonica*. Ces sesquiterpenoides montrent une activité égale ou supérieure à celle observée sur la streptomycine vis-à-vis des souches *Staphylococcus aureus* ; *Escherichia coli* et aucune activité sur les souches de bactéries telles que *Pseudomonas aeruginosa*; *Candida albicans* ; *Klebsiella pneumoniae*. Les résultats de ces travaux prouvent que les sesquiterpenoides possèdent des activités antibactériennes et antifongiques, ce qui confirme l'utilisation de cette plante dans la pharmacopée traditionnelle

Au delà de la conclusion générale, se trouvent la partie expérimentale, la bibliographie, certains spectres des métabolites secondaires isolés, ainsi que les publications déjà parues tirées de ce travail.

ABSTRACT

In this thesis, we have reported our phytochemical work on two medicinal plants *Crepis cameroonica* and *Senecio burtonii* belonging to the Asteraceae family using various chromatographic methods (CC, preparative, TLC). We have isolated from the MeOH extracts of aerial parts of these two medicinal plants, fourteen secondary metabolites among which four (04) are new which are 3β, 9β-dihydroxyguaian-4(15),10(14),11(13)-trien- 6, 12-olide and 8α-hydroxy-4α (13), 11β(15)-tetrahydrozaluzanin from *Crepis cameroonica* and (4α-[2'-hydroxymethylacryloxy]- 1β-hydroxy- 14(5-6) abeo eremophilan-12, 8 olide, (3'E-(1α)-3-hydroxymethyl-(4β, 5α)dimethoxucycohex-2-enyloctadec-3'-enoate from *Senecio burtonii*.

Before the characterisation of all compounds which have isolated, the first part of this thesis gives a up-to date information on the botany, pharmacological and previous work of these two genus.

The second part which is the extraction, isolation and structural elucidation of all compounds using spectroscopic methods was used 1D (RMN ^{1}H, ^{13}C) and 2D (HMQC, HMBC, NOESY, COSY) as well as mass spectroscopic method.

To confirm certain structures by chemical way, we considered some chemical conversion such as acetylation and saponification reactions.

Moreover, all of the isolated compounds from *Crepis cameroonica* were subjected to in vitro antibacterial and antifungal assay for a range of microorganism. The activities of sesquiterpenoids showed significant activity on the representative Gram-positive and Gram-negative bacteria. The activities of all compounds were almost equivalent to or less than those demonstrated by *streptomycin* but none of these compounds was active against *P. aeruginosa*; *C. albican ; K. pneumoniae*.

Thus, the results of the present work indicate that sesquiterpenoids possess antifungal and antimicrobial properties. This justifies the use of this plant in folk medicine.

At the end of this report, general conclusion, followed by experimental part and literature survey was made. Some spectra of secondary metabolites and papers already published from this work were also displayed.

Key words. *Crepis cameroonica*; *Senecio burtonii*; Asteraceae; sesquiterpenoids

INTRODUCTION GENERALE

La chimie des produits naturels peur être définie comme étant la science qui étudie la biosynthèse, les structures, les propriétés et la relation structure-activité des métabolites secondaires. Ceux- ci étant définis comme des composés nutritionnels, diminuent l'apport nutritionnel dans les plantes (Brun Eton., 1993), influencent la biologie humaine et ainsi que celle des espèces environnementales. La nature est capable de synthétiser à partir des métabolites primaires un nombre élevé de métabolites secondaires. En 1991, près de 100 000 produits naturels sont signalés (Herbert., 1989; Buckingham., 1991).

Les extraits bruts des plantes sont utilisés dans la médecine traditionnelle depuis plusieurs siècles. De nos jours plusieurs équipes de recherche sont orientées par exemple dans la recherche des produits antiviraux, antitumorales, antifongiques. Les végétaux supérieurs contiennent une grande variété de composés chimiques contenus dans les plantes avec différentes activités biologiques qui leur confèrent des propriétés médicinales, ornementales, aromatiques et tinctoriales. Ils confèrent aussi aux plantes qui les possèdent une résistance contre les attaques pathogènes (Guignard., 2000). Plusieurs techniques de sélection telle que l'environnement local, la chimiotaxonomie, la phytochimie et l'ethnobotanique ont été énumérées par (Cordell & Geoffrey., 1995) dans la recherche des produits naturels. Cependant l'approche ethnobotanique apparaît comme la méthode la plus appropriée par les phytochimistes des pays en voie de développement. Dans cette méthode, seule les plantes utilisées dans la médecine traditionnelle sont collectées.

Depuis quelques années, le département de Chimie Organique de l'Université de Yaoundé I a entrepris un vaste programme de recherches sur les plates médicinales. C'est ainsi que nous avons axé notre travail sur l'étude phytochimique de deux plantes camerounaises: *Crepis cameroonica* et *Senecio burtonii* appartenant à la famille des astéracées.

Le choix de ces deux plantes a été guidé par leurs usages dans la pharmacopée traditionnelle comme antibactériens, antifongiques et par les études chimiques répertoriées dans la littérature Nous nous sommes fixés comme objectifs, isolement des principes actifs responsables des activités décelées, faire les tests antibacteriens et antifongiques des principes actifs et des differentes fractions actives et standardiser de fractions actives afin de proposer aux populations. Nous proposons avant de présenter nos résultats de donner une revue de la littérature de quelques travaux antérieurs effectués sur ces deux genres.

CHAPITRE I

REVUE DE LA LITTERATURE

CHAPITRE I

REVUE DE LA LITTERATURE

A. APERCU BOTANIQUE, ETHNOBOTANIQUE ET TRAVAUX CHIMIQUES ANTERIEURS DES ESPECES DES GENRES *CREPIS* ET *SENECIO*

I.1. APERCU BOTANIQUE DES ESPECES DES GENRES *CREPIS* ET *SENECIO*

I.1.1. GENERALITES SUR LES ASTERACEES

Les Astéracées sont des végétaux à port extrêmement varié constitués d'arbustes et parfois les arbrisseaux. Généralement ce sont des herbes annuelles, bisannuelles, plus ou moins pérennes. Ils possèdent des lianes herbacées grimpantes ou rampantes. Les feuilles très polymorphes petites sont sans stipules, alternes ou opposées et en rosettes. Elles sont simples, entières ou dentelées et parfois divisées en plusieurs segments plus ou moins grands.

Les inflorescences terminales ou auxiliaires des feuilles sont isolées ou réunies en corymbes et en panicules. Des capitules tubulés ou filiformes posés sur un réceptacle en coupe plat, bombé ou globuleux sont entourés de bractées. Ceux -ci munis ou non d'écailles et de paillettes forment à leur tour des fleurons ligulés. Les marginaux des capitules sont en général ligulés. Les fleurons de type cing sont hermaphrodites, unisexués ou même neutres. Le calice est en général représenté par des poils ou de petites écailles en nombre variable, formant plus tard l'aigrette de l'akène. La corolle gamopétale à la base tubuleuse a une forme en entonnoir ou filiforme. Elle présente 5 lobes valvaires soudés ou étirés (3 ou 5) sur un seul côté de la fleur.

Les anthères des 5 étamines sont parfois connées en tube plus ou moins linéaires et présentent des bases obtuses ou sagittées. Le connectif est appendiculé au sommet et le style est bifide au sommet avec souvent des poils plus ou moins denses au-dessus de la bifurcation. Les branches du style en appendice, plus ou moins longues, aiguës ou poilues ont des formes diverses et sont prolongées au-delà de la partie stigmatique.

Le fruit ou akène du même type que les fleurons, avec un corps lisse, poilu, côtelé ou anguleux est couvert parfois d'écailles, des paillettes du réceptacle ou par les bractées internes de l'involucre. Cet akène est sessilens court vers l'intérieur et longues filiformes plates et parfois barbelées vers l'extérieur. Certains akènes surmontés de glandes de crochets, d'aigrettes et de poils sont portés à leur extrémité d'un long rétrécissement appelé stipe.

Cette diversité morphologique fait de cette famille l'une des plus importantes avec quelques 1150 genres dans le monde et près de 20.000 espèces. L'Afrique intertropicale ne renferme qu'une bonne centaine de genres mais le Cameroun à lui seul regroupe 74 genres et 251 espèces. Des 74 genres rencontrés au Cameroun, on cite le genre *Crépis* (Biholong, 1986).

I.1.2. ASPECT BOTANIQUE SUR LES GENRES *CREPIS* ET *SENECIO*

I.1.2.1. ASPECT BOTANIQUE SUR LE GENRE *CREPIS* ET LEUR REPARTITION GEOGRAPHIQUE

Le genre *Crepis* appartient à la sous famille des Lactucées qui est l'une des trois sous familles des Astéracées. Ce sont des longues herbes caractérisées par des capitules homogames, involucres, cylindriques, campanulés et renflés à la base. Ces capitules petits ou moyens, groupés en panicules ou en corymbes sont très souvent solitaires. Les capitules bractées sont fixés sur un réceptacle plat parfois nu, brièvement fimbrié. Des ligules sont tronquées à 5 dents, des anthères sagittées à la base et un style à branches grêles.

Des achènes transversalement rétrécies à la base et au sommet sont linéaires, oblongues, cylindriques ou anguleux. Elles présentent un aspect non comprimé de 10 à 20 côtes ou stries non rugueuses, non plumeuses, très fines et blanches. Ce sont des plantes herbacées vivaces ou annuelles avec des feuilles toutes basilaires ou alternes, dentées ou pinatifides. Les fleurs sont jaunes, orangées ou rougeâtres. On en trouve environ 250 espèces dans l'hémisphère nord (Lemée *et al.,* 1930) et au Cameroun 2 espèces (Biholong., 1986)

Dans le monde, plusieurs espèces ont été identifiées en Espagne, en Italie, au Chili. (*Crepis. conyzaefolia, Crepis. capillaris, Crepis. pygmaea, Crepis. crocea, Crepis. pyrenaica, Crepis. Rhoeadifolia, Crepis. tingitana, Crepis. mollis*). Au Cameroun, on les rencontre dans les montagnes à haute altitude. Les espèces identifiées sont Crepis cameroonica (Babcook & Hutchinson., 1931) qui se trouve au sud–ouest à Limbe á 2300 m d'altitude au mont

Cameroun et Crepis newii (Babcook & Hutchinson., 1931) qu'on rencontre au nord- ouest à Bamenda à 2500 m d'altitude du mont Oku.

I.1.2.2. DESCRIPTION BOTANIQUE SUR CREPIS CAMEROONICA

C'est une espèce qu'on retrouve dans les prairies des chaînes montagneuses. Une herbe annuelle de 1,5 à 4 m. Elle est plus ou moins dressée à longue hampe florale glabrescente, sans ramifications. Les feuilles vertes pâles en rosettes à la base avec un bord denticulé sont recouvertes de dents recourbées vers le bas. Elles ont un sommet en forme de spatule avec une base étroite et sessile, un limbe pubescent de 3 à 4 capitules au sommet d'une hampe. Les fleurons sont jaunes. Les akènes allongés de 8 à 10 mm sont lisses. Elles se présentent en forme des bouteilles à long goulot fin, surmontés d'une aigrette en panache à soies blanchâtres.

Figure 1: Photo d'une plante de *Crepis cameroonica* (Babcook., 1963).

I.1.2.3. ASPECT BOTANIQUE SUR LE GENRE *SENECIO* ET LEUR REPARTITION GEOGRAPHIQUE

Le genre *Senecio* comprend environ 1200 espèces, son nom vient de *senex*, sénile, vieillard, du fait de la couleur blanche des aigrettes Il pousse dans les pays tropicaux et subtropicaux. La plupart des espèces du genre *Senecio* ne tolèrent aucun gel. Il possède un involucre composé d'une série de balances de longueur égale. Sur les jeunes plantes, les fleurs de *Senecio* sont arrangées en faisceaux. Les fleurons de tête sont tubulaires. La couleur régnante dans ce genre est jaune pourpre (blanc ou bleu comparativement rare). Ce genre renferme plusieurs espèces donc 9 présents au Cameroun.

Tableau 1. Quelques espèces du genre *Senecio* identifiées en Afrique

Espèces	Localités	Auteurs
Senecio abyssinicus	Cameroun	Hutchinson & Daziel
S. baberka	Cameroun	Hutchinson & Daziel
S.burtonii	Cameroun	Hutchinson & Daziel
S. hochstetter	Cameroun	Hutchinson & Daziel
S. pachyshizus	Cameroun	Hutchinson & Daziel
S. ruwenzoriensis	Cameroun	Hutchinson & Daziel
S. madagascariensis	Afrique du Sud	Poiret
S. lydenburgensis	Afrique du Sud	Hutchinson & Burttison
S.heliopsis	Afrique du Sud	Hutchinson & Burttison
S inaequidens	Afrique du Sud	Harvisson
S. hildebrandii	Madagascar	Baker
S. longiscapus		Bojer
S. antandroi	Madagascar	Sc. Elliot
S. sp	Madagascar	
S. crassissimus	Madagascar	Humbert
S. erechtitoides	Madagascar	Baker
S. faujasioides	Madagascar	R ; Brown
S. gossypinus	Madagascar	Baker
S. myricaefolius	Madagascar	Humbert

I.1.2.4. DESCRIPTION BOTANIQUE SUR *SENECIO BURTONII*

L'espèce *Senecio burtonii* est une herbe subligneuse, bisannuelle. Elle possède une tige striée et recouverte d'un épais duvet soyeux et blanchâtre. Les feuilles alternes sont amplexicaules oblancéolées et dentées et acuminées. Le limbe est recouvert d'un duvet grisâtre. Les capitules paniculés sont nombreux, les fleurons sont ligulés jaunes et parfois tubulés jaunâtres à style gros en massue. Les akènes sont noirs avec un petit appendice à la base pubescente (Biholong., 1986).

Fig 2: Photo d'une plante de *Senecio burtonii* (Humbert., 1962).

7

I.2. ASPECT ETHNOBOTANIQUE SUR LES GENRES *CREPIS* ET *SENECIO*

I.2.1. QUELQUES USAGES DES ESPECES DU GENRE CREPIS

Les espèces issues du genre *Crepis* jouent un rôle important dans le mécanisme de défense, de germination et de croissance des plantes (Yoshinori & Tsunematsu., 1978). Elles possèdent également des propriétés antitumorales, cytotoxiques et diminuent la croissance des insectes contre les végétaux (Marbry & Gill., 1979).

Les différentes espèces du genre *Crepis* possèdent des propriétés antimalariques, soignent des règles douloureuses et sont des substances antimigraineuses et anti-inflammatoires efficaces. Leur usage par voie externe est efficace à la guérison des plaies et blessures. D'autres espèces sont antihelminthiques et leurs propriétés cholinergiques expliquent leur activité hypotensive (Bruneton., 1993). De même les espèces du genre *Crepis* présentent des actions diurétiques, béchiques et molluscicides. L'activité molluscicide est utilisée pour le contrôle des mollusques vecteurs de la schistosomiase et de la distomatose (Pharmacopée Française. 10ième Edition).

L'extrait aqueux de *crepis mollis* est donné aux malades comme expectorant, antitussif et décongestionnant bronchique (Newall et al., 1996). Des investigations pharmacologiques ont été effectuées pour évaluer les effets hepatoprotectrices de *Crepis rueppellii*. L'extrait éthanolique de cette espèce a été étudié pour sa capacité à réduire la mortalité des souris. Le jus des feuilles de *Crepis cameroonica* est utilisé dans le traitement de la diarrhée, des blessures, la conjonctivite et l'otite chez les enfants (Biholong., 1986).

I.2.2. QUELQUES USAGES DES ESPECES DU GENRE SENECIO

Ce groupe de plantes est d'une grande importance aussi bien sur le plan économique que médicinale. Sur le plan économique, les feuilles de *Senecio faujasioide* séchées au soleil acquièrent un parfum agréable (Samyn, 1999). *Senecio minutis* et *Senecio boissieri* sont utilisés en médecine traditionnelle comme antiinflamatoires et vasodilateurs (Bautista, *et al.,* 1991). Sur le médecinal, en Afrique du Sud, *Senecio adscendens* est utilisé pour soigner la gale et les plaies syphilitiques. (Humbert, 1962). A Madagascar la Tisane de *Senecio erechtitoides* est réputée pectorale et vulnéraire dans le traitement de la rougeole. (Heckel, 1910). *Senecio erechtitoides* est aussi utilisé dans le traitement la phtisie et l'asthme et sur les plaies (Pernet & Meyer, 1957). Les feuilles et les racines en bains et tisanes de *Senecio faujasioides* soignent la syphilis (Heckel, 1910). L'infusion des feuilles fraîches de *Senecio gossypinus* traite les coliques et son Jus est vulnéraire sur les plaies. (Humbert., 1962). Les bains de feuilles de *Senecio longiscapus* sont conseillés pour toute dermatose, eczéma et gale (.Samyn, 1999) alors que d'autres sont très toxiques (Lewis, *et al.*, 1977)

. Certains espèces du genre *Senecio* ont une activité anti-viral pour l'hépatite B (Lih, *et al*, 2005). La toxicité des alcaloïdes pyrrolizidinique de certains espèces du genre *Senecio* est utilisé comme préventif contre l'ulcère gastrique (Toma, *et al.*, 2004). D'après les recherches effectuées sur le genre *Senecio,* nous n'avons trouvé aucune étude ou publication faite sur *Senecio burtonii*, mais cependant, d'autres espèces du même genre ont fait l'objet de plusieurs études qui ont révélé la présence d'une grande variété de sesquiterpènes, de diterpènes (Roder, *et al.,* 1980), des triterpènes et des alcaloïdes pyrrolizidiniques (Rucker, *et al.*, 2003; Macel *et al.*, 2004).

I.3. TRAVAUX CHIMIQUES ANTERIEURS DES ESPECES DES GENRES CREPIS ET SENECIO

Les études chimiques antérieures entréprises sur les espèces *senecio burtonii* et crepis *cameroonica* ont conduit à l'isolement et à l'identification de plusieurs types de metabolites sécondaires appartennant dans la plupart des cas cas aux mêmes classes de composés à savoir les sesquiterpenoides, les diterpenoides, les triterpènoides, Les stéroides, Les acetogenines.Nous les avons regroupés en cinq (05) classes de composés

I.3.1. LES SESQUITERPENOÏDES

I.3.1.1. BIOSYNTHESE DES SESQUITERPENES.

Les sesquiterpenoides constituent un groupe important des substances, environ 3 000 structures connues et décrites dans les traités de Matière Médicale sous le nom évocateur de «principes amers» (Bruneton, 1993). Les sesquiterpenoides ont une distribution botanique assez sporadique. Présentes chez les champignons et les bryophytes on les rencontre aussi chez les Angiospermes (Apiacées, Lauracées, Menispermacées) et très majoritairement chez les Astéracées. Chez ces dernières, les fonctions lactones sont fréquemment localisées dans des poils sécréteurs situés au niveau des feuilles, des tiges, des bractées de l'inflorescence et peuvent être présentes dans les akènes, elles sont rares dans les organes souterrains. Les structures des sesquiterpéniques lactones sont variées mais se rattachent toutes au produit de cyclisation: la cyclodécadiénylique et la *2E, 6E*-farnésyl-pyrophosphate. Bien que les preuves expérimentales soient rares, il est admis que les principaux squelettes dérivent de la cyclisation du cation cyclodécadiénylique via les germacranolides.

Logiquement, la structure du produit de cyclisation dépend de la conformation initiale adoptée par le macrocycle et de la position des doubles liaisons qui permettent des cyclisations intramoléculaires électrophiles variées. L'enzyme impliquée dans la réaction doit agir comme une matrice ou précurseur, elle doit conditionner la stéréospécificité du processus.

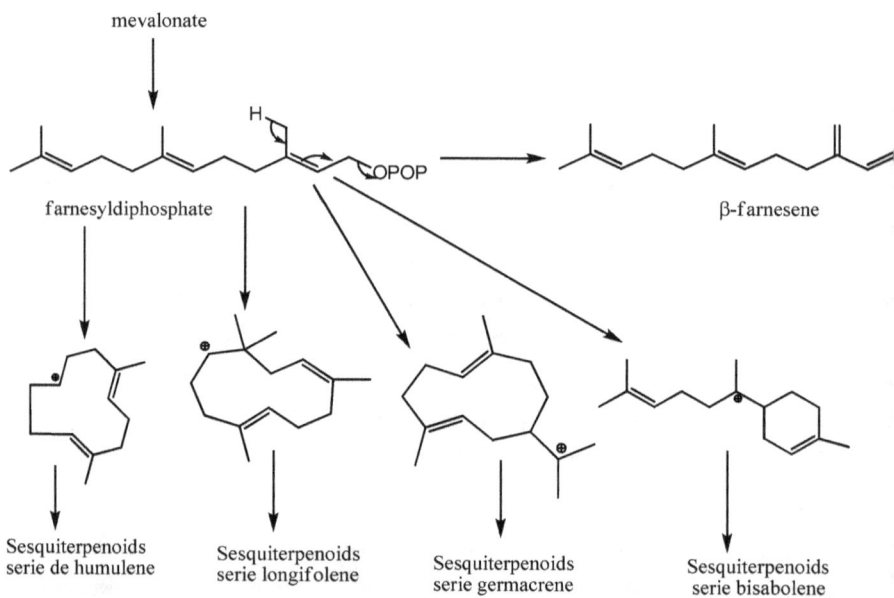

Shemas 1. Biosynthèse des Sesquiterpenoïdes.

I.3.1.2. DIFFERENTS GROUPES STRUTURAUX DES SESQUITERPENES

Les variations structurales secondaires sont nombreuses et dépendent du genre des plantes appartenant à la famille des Astéracées. Ces variations structurales sont souvent rencontrées sur la lactone qui peut être *cis*-12,6; cis-12,8; *trans*-12,6 ou trans-12,8. En règle générale, la lactone est du type α-méthylène-γ-lactone et le proton en position 7 est α. (sauf chez les Bryophites). On rencontre également certaines variations structurales sur les groupements méthyles parfois fonctionnalisés (alcools, acides carbonyles) et sur les insaturations qui peuvent être réduites ou oxydées (époxides, hydroxyles) (Bruneton, 1993). Le Tableau suivant regroupe quelques groupes structuraux de sesquiterpenoïdes rencontrées

Schémas 2: Principaux groupes structuraux des sesquiterpenoïdes

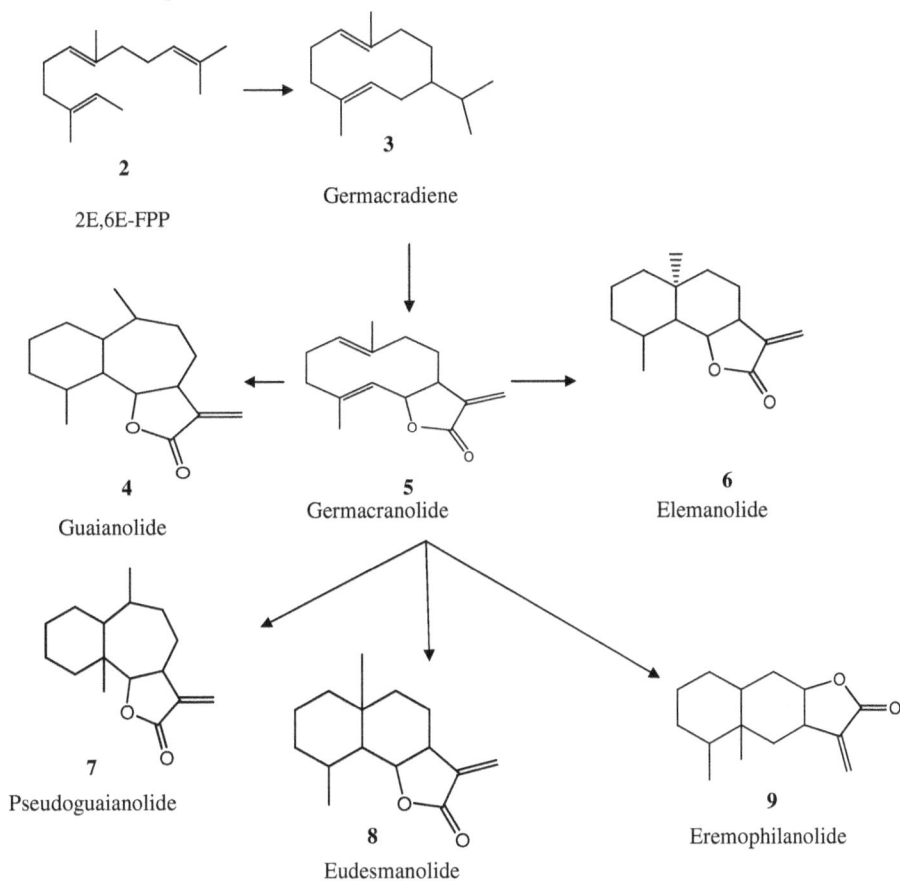

2
2E,6E-FPP

3
Germacradiene

4
Guaianolide

5
Germacranolide

6
Elemanolide

7
Pseudoguaianolide

8
Eudesmanolide

9
Eremophilanolide

I.3.1.3. LES SESQUITERPENOÏDES ISOLES DES GENRES *CREPIS* ET *SENECIO*

Le Tableau çi –dessous regroupe quelques sesquiterpenoïdes de la classe des guaianolides et furanoeremophilanes appartenant respectivement aux genres *Crepis et Senecio* (Tableau 2).

Tableau 2: quelques Sesquiterpenoides isolés des genres *Crepis* et *Senecio*

Structure	Référence	sources
10 3ß,8α -dihydroxyguaian-4(15),10(14),11(13)-trien- 6,12 –olide	(Samek *et al.*, 1971)	*C capillaris*
11 3ß,8ß -dihydroxyguaian-4(15),10(14),11(13)-trien- 6,12 –olide	(Kisiel., 1983)	*C. capillaris*
12 8-epiisolippidiol –3-O-β-D-glucopyranoside	(Kisiel., 1984)	*C. capillaris*

Struture	Référence	Sources
13 8-epidesacylcynaropicrin –3-O-β-D-glucopyranoside	(Kisiel., 1984)	C .capillaris
14 8β-hydroxy-4β, 11β,10(15)-tétrahydrozaluzanin C	(Kisiel., 1984)	C. .capillaris
15 8β-hydroxy-11β,4(15), 10(13)-dihydrozaluzanin C	(Kisiel, et al., 1993)	C. crocea
16 9α-hydroxy-4α,11β,10 (13)-tétrahydrozaluzanin C	(Kisiel, et al.,1996)	C.rhoeadifolia

Struture	Référence	Sources
17 9α-Hydroxy-epidesacylcynaropicrin –3-O-β-D-glucopyranoside	(Kisiel, *et al.*,1996)	*C.rhoeadifolia*
18 9α-hydroxy-4 β,11β,10(13)-tétrahydrozaluzanin C	(Kisiel, *et al.*,1995)	*C. pyrenaica*
19 9α-Hydroxy 11β,4(15),10(13)-dihydrozaluzaninC – 3-O-β-D-glucopyranoside	(Kisiel, *et al.*,1995)	*C. pyrenaica*

Struture	Référence	Sources
20 8-epiisolipidiol-10(13)-dihydro-3-O-β-D-glucopyranoside	(Kisiel, *et al.*,1995)	*C. pyrenaica*
21 8-epidesacylcynaropicrin-3-O-β-glucopyranoside	(Zidorn, *et al.*, 1999)	*C. tingitana*
22 8β-hydroxy-11β,4(15), 10(13)-dihydrozaluzanin C-3-O-β-D-glucopyranoside	(Kisiel, et al., 1993)	*C. crocea*
23 R = 8-O-[2-Hydroxy-3-(4-hydroxyphenyl) propanoyl] R' =3-O-D-glucopyranoside Tectoroside	(Kisiel, *et al.*, 1990)	*C. tectorum*

Structure	Référence	sources
24 8-epiisolipidiol-3-O-β-D-glucopyranoside	(Kisiel, *et al.*, 1995)	*C. pyrenaica*
25 9α-hydroxy-4β, 15, 11β,13-10(13) tetrahydro-dehydrodrozaluzanin C	(Kisiel, *et al.*,2000)	
26 3- Oxo -8α -methoxy-10αH-furanoeremophil-1-,7(11)-dien-12,8β-olide	(Torres, *et al*,1999)	*S. flavus*
27 3-Oxo -8α -hydroxy-10αH-furanoeremophil-1-7(11)-dien-12,8β-olide	(Torres, *et al.*,1999)	*S. flavus*

16

Structure	Référence	sources
28 6β-methacryloyloxy-8-hydroxy-1β,10β-epoxyeremophil-7(11)-ene-8,12-olide	(Bohlmann, *et al.*,1985)	*S. isatideus*
29 1β, 10β -Epoxy -8α methoxyeremophil-7(11) - en-12,8β -olide	(Torres, *et* al., 1999)	*S. flavus*
30 6β-senecioyloxy-8-hydroxy-1β,10β-epoxyeremophil-7(11)-ene-8,12-olide	(Bohlmann,*et al.,*1985)	*S. isatideus*
31 1-deacetyl-6β-angeyloxy-2, 3-deoxy-hilliardinol	(Bohlmann,*et al,*1985)	*S. isatideus*

Structure	Référence	sources
  6β-methacryloyloxy-1β, 8α-dihydroxy- eremophil-9,7(11)-diene-8,12-olide	(Reyes, *et al.*, 1990)	*S. andreuxii*
  3α-angeyloxy-6β-secioyloxy-10 βH- furanoeremophil-9-one	(Reyes, *et al.*, 1990)	*S. andreuxii*
  3-Hydroxy-9,11-eremophiladien-8-one- O-(2Z-Hexenoyl)	(Sugama, *et.al.*, 1983)	*Senecio* *cathcartensis*

Structure	Référence	sources
35 1-deacetyl-6β-angeyloxy-2,3-deoxy-hilliardinol	(Reyes, *et al.*, 1990)	*S. andreuxii*

I.3.1.4. RÔLES ET ACTIVITES BIOLOGIQUES DES SESQUITERPENOÏDES

Il a été démontré que les sesquiterpenoïdes lactones ont une activité biologique notable car ils possèdent des propriétés antifongiques et peuvent provoquer l'inhibition partielle de certains champignons et allant souvent même jusqu'à la toxicité totale de ceux çi. C'est ce qui explique l'utilisation de certains sesquiterpènes lactones à la place de certains fongicides commerciaux (vinclozolin, chlorothalonil, thiabendazole) (Wedge *et al.*, 2000). C'est ainsi que certains composés comme la damsine **36** isolée de *Ambrosia maxima* possède des propriétés molluscicidales (Ali, *et al.*, 2004), l'artemisinine **37** isolée de *Artemisia annua* (Qinghaosu) est doué d'une activité antimalariale (Dayan, *et al.*, 1999), la Matricine **38** isolée de *Artemisia arborescens* montre des propriétés anti-inflammatoires et antispasmodiques (Kastner, *et al.*, 1992).

En plus la parthénolide **39** isolée de *Chrysanthemum parthenium* inhibe l'agrégation plaquettaire et la libération de la sérotonine induite par l'Acide Deoxy Proteine ou l'adrénaline. Ce qui explique son activité antimigraineuse. La parthénolide empêche la contraction des muscles, lutte contre les mycoses provoquées par les bactéries (Jacobsson, *et al.*, 1995) et inhibent également la dégranulation des granulocytes. Elle joue également un rôle dans la libération des enzymes impliquées dans les phénomènes inflammatoires ainsi qu'un effet protecteur sur les cellules endothéliales vasculaires (Bruneton., 1993).

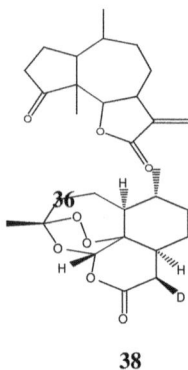

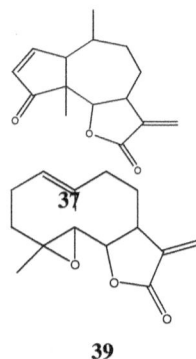

38   **39**

En plus de ces propriétés biologiques, nous notons également que la Desacylcynaropicrin **10** montre l'activité antitumorale contre les cellules hela et inhibe la germination des plantes (Corbella, *et al.*, 1978) également la 9α-hydroxy-4α,11β,13,15-tétrahydrozaluzanin C **16** possède une activité contre la leucémie (Macias, *et al.*, 2000) et la 9α-hydroxy-4β(15), 11β(13)-tetrahydrodehydrozaluzanin C **18** est un régulateur efficace de croissance de plantes donc un Herbicide (Dominguez, *et al.*, 1975). De même, la 3-Hydroxy-9,11-eremophiladien-8-one-O-(2Z-Hexenoyl) **34** isolée de *Senecio cathcartensis* a montré des propriétés relaxantes sur les muscles (Sugama, *et al.*, 1983).

I.3.2. LES DITERPENOÏDES

I.3.2.1. BIOSYNTHESE DES DITERPENES

Les diterpènes forment un ensemble de composés en C_{20} issus du métabolisme du 2E, 6E, 10E – géranyl géranyl pyrophosphate (GGPP). Présents chez certains insectes et chez divers organismes marins, ils sont surtout répandus chez les végétaux. Plus de 1200 produits répartis en squelettes divers ont été décrits chez les astéracées.

La cyclisation acido catalytique du géranyl géranyl pyrophosphate (précurseur immédiat des diterpènes) ou de l'époxyde correspondant conduit à la formation des dérivés de perhydronaphtalène ou de perhydrophénantrène. La chaîne de GGPP se cyclise partiellement en système décaline et, ensuite de nouveaux cycles peuvent par conséquent se former avec souvent des réarrangements des squelettes conduisant aux diterpènes, tri, tétra et pentacycliques. Des considérations structurales et stéréo chimique indiquent que dans beaucoup de cas, la cyclisation initiale peut conduire à un cycle moyen ou grand qui subit une seconde cyclisation transannulaire à partir du système cyclique rigide approprié.

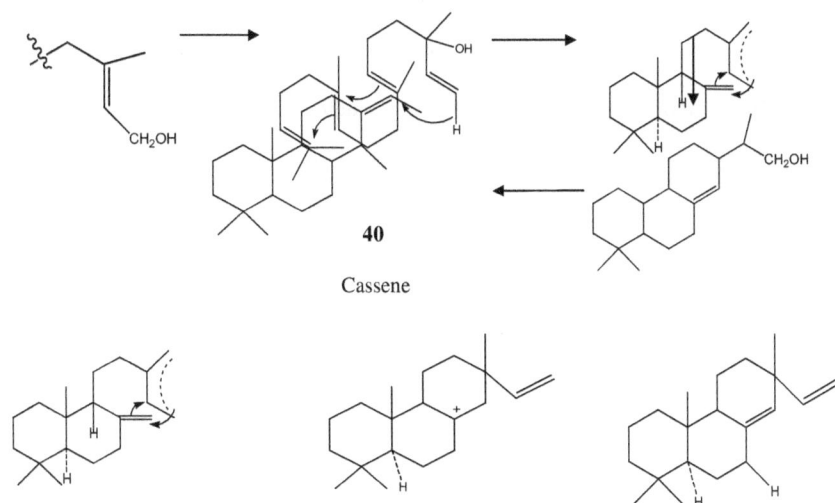

40

Cassene

21

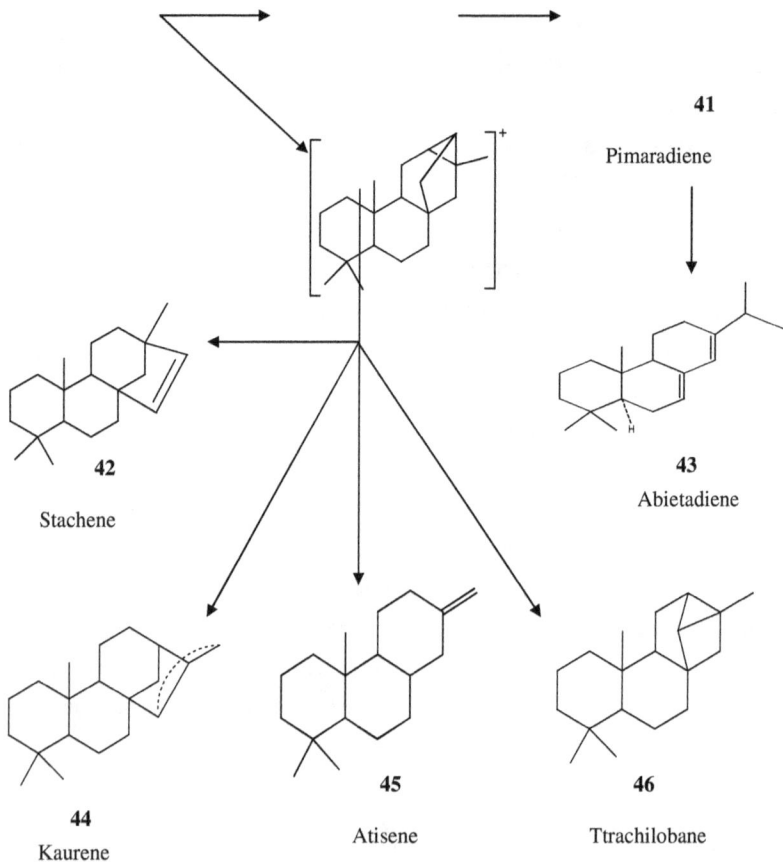

41
Pimaradiene

42
Stachene

43
Abietadiene

44
Kaurene

45
Atisene

46
Ttrachilobane

Schéma 3: Biosynthèse des diterpènes (selon Mc Crindle et Overton).

I.3.2.2. QUELQUES DIFFERENTS GROUPES STRUCTURAUX DES DITERPENOÏDES

Dans les plantes ont trouve les diterpènes sous forme acyclique, bi, tri, tétra et pentacyclique

Nous nous limiterons à l'étude des diterpenes tetracyliques subdivisées en plusieurs groupes structuraux. Les diterpènes tétracycliques contiennent la structure de base illustrée par le (-) kaurène **47** qui est considéré comme l'hydrocarbure parent des diterpènes de cette série. Le stéviol **48** obtenu naturellement sous forme de glycoside appartient à ce groupe. Son glucoside, très sucré est un succédané du saccharose très utilisé dans l'alimentation au Japon et U.S.A. Les gibbérellines, tel que l'acide gibbérellique **49** sont des hormones de croissance des plantes qui dérivent des kauranoides par contraction de cycle B. Le béyérol **50** est un exemple du type béyérane

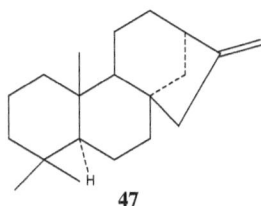

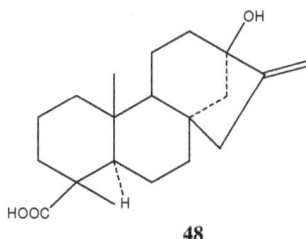

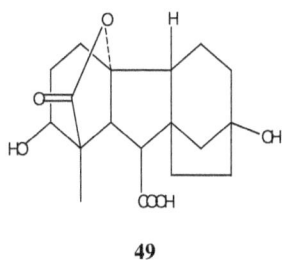

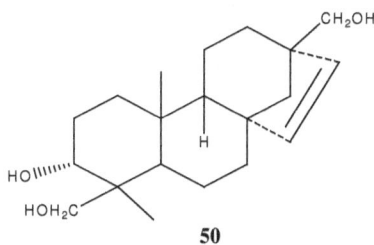

I.3.2.3. LES DITERPENOÏDES ISOLES DES GENRES *CREPIS* ET *SENECIO*

De la plante entière de *Senecio*, quelques diterpenoides ont été isolés et sont regroupés dans le Tableau 3

23

Tableau 3: Quelques Diterpenoïdes isolés du genre *Senecio*

Structure	Référence	sources
Acide ent-15 -Oxo-16-kauren-19-oique **51**	(Cheng, *et al.*, 1993)	*S. rufus*
Refusoside B **52** OGlc OAra	(Cheng, et al., 1993)	*S rufus*
Acide ent-15-hydroxy-16-kauren-19-oique **53** OH	(Herz, et al., 1983)	*S. rufus*
Acide ent-15 - O-L-arabinopyranoside-16-kauren-19-oique **54** OAra OH	(Herz, et al., 1983)	*S. rufus*

I.3.2.4. ROLES ET ACTIVITES BIOLOGIQUES DES DITERPENOÏDES

L'intérêt thérapeutique des diterpènes reste intéressant surtout que les diterpènes sont pourvus de potentialités thérapeutiques telles que les propriétés antitumorales. (Bruno, *et al.*, 2002), antimicrobiennes (Rodriguez,- Linde *et al.*, 1994), antifeedantes (Bondi *et al.*, 2000; Bruno *et al.*, 2001), antibiotiques (Zhao, *et al.*, 1997), antibactériennes, anti-inflammatoires (Cheng *et al.*, 1987), une cytotoxité considérable (Zhi Na *et al.*, 2002). Les diterpènes jouent aussi un rôle dans la protection des constituants des revêtements foliaires à l'égard des prédateurs ce qui limite ainsi la perte en eau (Bruneton., 1993). Par exemple, la Tripterifordine **55** possède des propriétés anti HIV (Okunade, *et al.*, 1994; Pradhan, *et al.*, 1995).

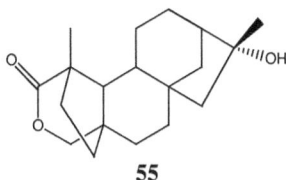

55

Ainsi que l'acide ent-15 -Oxo-16-kauren-19-oique **51** et la refusoside B **52** isolées de *Senecio rufus* montre une activité anti HIV (Cheng, *et al.*, 1993)

I.3.3. LES TRITERPENES

I.3.3.1. BIOSYNTHESE DES TRITERPENES.

Ce sont des substances naturelles repandues dans les vegetaux renferment dans dans leurs squelettes de base une trentaine d'atomes de carbones. Ils dérivent de la cyclisation du squalène ($C_{30}H_{50}$), lequel résulte du point de vue formel de la condensation de six unités isopréniques reliées tête à queue (Mann., 1980; Harbonne, 1967) (schéma 4)

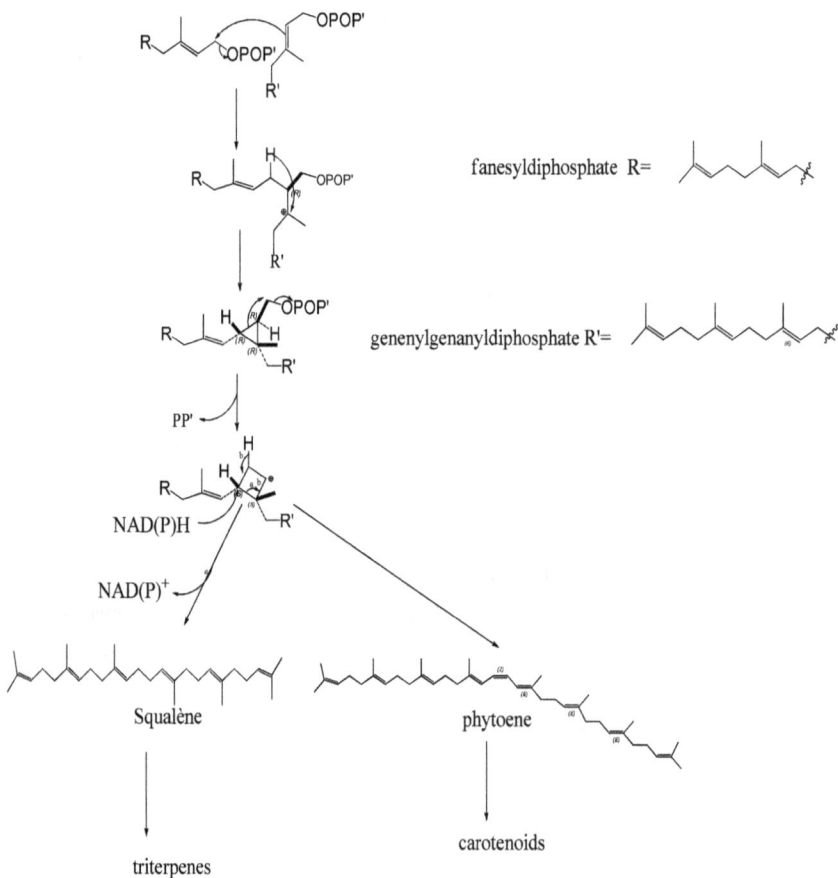

fanesyldiphosphate R=

genenylgenanyldiphosphate R'=

Squalène

phytoene

triterpenes

carotenoids

PP'

NAD(P)H

NAD(P)⁺

Schémas 4. Biosynthèse du squalène par voie mevalonique.

I.3.3.2. LES TRITERPENOÏDES ISOLES DES GENRES *CREPIS* ET *SENECIO*

Les triterpènes se subdivisent en trois grandes classes triterpènes tricycliques, triterpènes trétracycliques et triterpènes pentacycliques. La plupart des composés triterpéniques isolés des genres *Crepis* et *Senecio* sont pentacycliques et regroupés au Tableau 4.

Tableau 4: Quelques triterpènes pentacycliques isolés des genres *Crepis* et *Senecio*

Structure	Référence	sources
56 3β Acétate Urs-20-ene-3,22-diol	(Roy, *et al.*, 2001)	*C. napifera*
57 Urs-20-en-3β-ol	(Wu, *et al.*,2000)	*C. napifera*
58 Acide 3-oxo-12-oleanen-28-oïque	(Bohlmann, *et al.*,1979)	*S. cylindricus*
59 (20R)-3α,10α-Epoxy-9-epi-cucurbita-24-ene	(Rucker, *et al.*, 1999)	*S. selloi*

I.3.3.3. ROLES ET ACTIVITES BIOLOGIQUES DES TRITERPENOÏDES

Les propriétés thérapeutiques de certains triterpenoïdes isolés des genres *Crepis* et *Senecio* ont été mis en évidence:

Les triterpenoïdes et les glucosides triterpeniques sont à la base de la synthèse de plusieurs contraceptifs et des anti-inflammatoires. Ils sont également indispensables dans l'industrie pharmaceutique puiqu'ils sont utilisés comme matières premières. Ils sont également doués des propriétés antitumorales (Bok, *et al.*, 1999; Mercer, *et al.*, 1976).

I.3.4. LES ACETOGENINES

I.3.4.1. LES ACETOGENINES ISOLES DES GENRES *CREPIS* ET *SENECIO*

Quelques acides et esters acetogeniques ont été isolés des deux genres et regroupés dans le tableau 5

Tableau 5: Quelques Acetogenines isolés des genres *Crépis* et *Senecio*

 60 Eicosyl (E)-p-coumarate	(Bohlmann, *et al.*,1979)	*C. taraxacifolia*
 61 *(S,S)*-12-hydroxy-13-octadec-*cis*-9-enolide	Gayland, *et al.*, 1977)	*C. conyzaefolia*
$CH_3(CH_2)_4$-CH-CHCH$_2$CH=CHCH$_2$CH=CH(CH$_2$)$_4$COOH **62** Acide 12,13-Epoxy-6,9-octadecadienoïque	(Gayland, *et al.*,1977)	*C conyzaefolia*

28

Structure	Référence	sources
CH$_3$(CH$_2$)$_7$CH=CHCH$_2$CH=CH(CH$_2$)$_4$COOH **63** Acide (6Z, 9E)-Octadecadienoique	(Gunstone,*et al.*,1976)	*C. rubra*
  64 (E,E,E)-1,7,9,15-Heptadecatetraene-11,13-diyne	(Bohlmann,*et al.*, 1977)	*S. Pleiotaxis*
  65 1'-hydroxy-2',6'-dimethoxy-4'-oxocyclohexanoate de méthyle	(Torres, *et al*, 2000)	*S. Minutus*
  66 Jacaranone	(Bohlmann, *et al.*,1981)	*S. clevelandii*

Structure	Référence	sources
67 7-Epoxy-10-bisabolene	(Bohlmann, *et al.*,	*S. brubriflorus*
68 (Acide) 3-O-[3-Acetoxypalmitoyl]- 4,5-O-diacetate shikimiaue	(Bohlmann,*et al*,1985)	*S. erubescens*
69 (Acide) 3-O-acetyl-4,5-O-[2 methylbutylryl]- Propprionylshikimique	(Dupre, *et al.*, 1991)	*S. reicheanus*
70 acide 3-O-acetyl-4,5-O-[2-methylbutylryl] methylbutyrylshikimique	(Dupre, *et al.*, 1991)	*S. reicheanus*

	(Dupre *et al.*, 1991)	*S. reicheanus*
71 (Acide) 3-O-acetyl-4,5-O-[2 methylbutylryl]- Propprionylshikimique		

I.3.4.2. ROLES ET ACTIVITES BIOLOGIQUES DES ACETOGENINES

Les acétogenines jouent un rôle important dans le traitement de plusieurs maladies. C'est ainsi que l'acide (6Z, 9E)- Octadecadienoique **63** isolée de *Crepis rubra* est une substance qui soigne le diabète neuropathique, la Jacaranone **66** isolée de *Senecio clevelandii* est un agent Cytotoxique. (Bohlmann, *et al.,* 1981), la (E,E,E)-1,7,9,15-Heptadecatetraene-11,13-diyne **64** isolée de *Senecio Pleiotaxis* est doué de propriétés antiinflamatoires (Bohlmann, *et al.*, 1977) et la 7-Epoxy-10-bisabolene **67** isolée de *Senecio brubriflorus* est un constituant important dans les industries de Parfumerie (Bohlmann, *et al.*, 1982).

Ainsi, nous n'étudierons ici que les différentes corrélations que nous avons utilisées lors de la détremination de nos structures.

CHAPITRE II

RESULTATS ET DISCUSSION

CHAPITRE II
RESULTATS ET DISCUSSIONS

II.1. EXTRACTIONS ET ISOLEMENT DE CREPIS CAMEROONICA ET SENECIO BURTONII

II.1.1 EXTRACTION ET ISOLEMENT DE CREPIS CAMEROONICA

La plante entière de *Crepis cameroonica* a été récoltée au mois d'août 2001 sur les flancs du mont dans la province du Sud Ouest Cameroon (Limbe). L'identification a été faite au jardin botanique de Limbe où l'échantillon a été enregistré sur le numéro (ICN 96) .Après découpage, sechage et broyage nous avons obtenu une poudre de (500g). Une partie de cette poudre 490 g) a été extraite par macération au méthanol pendant 72 heures chaque fois avec filtration et renouvellement du solvant après chaque 24 heure.Après évaporation sous pression réduite nous avons obtenu 200g d'extrait brut. L'extrait organique obtenu a été séparé et purifié par l'utilisation de diverses méthodes chromatographiques (chromatographie sur colonne, couche mince, preparative etc). Les produits obtenus de cet extrait sont repartis en différentes classes de métabolites secondaires suivants à savoir les triterpenoides, les diterpenoides, les sesquiterpenoides les acetogenineset les steroides. Une seconde partie de la poudre10 g a été extraite à l'eau et l'extrait aqueux obtenu a subi des screening pharmacologiques. Le schéma 5 résume le protocole d'extraction et de purification de l'extrait isssus des *Crepis cameroonica*.

```
┌─────────────────────────────────────────────┐
│ Plante entière de Crepis cameroonica         │
└─────────────────────────────────────────────┘
                    │ Découpage
                    │ Séchage
                    │ Broyage
            ┌───────────────┐
            │ Poudre (500g) │
            └───────────────┘
                    │
         ┌──────────┴──────────┐
   ┌──────────────┐      ┌──────────────┐
   │ Poudre (10g) │      │ Poudre (490g)│
   └──────────────┘      └──────────────┘
```

1. Extraction aqueuse
2. evaporisaton à sec   Macération au MeOH

```
      ┌───────────────┐
      │ Extrait aqueux│
      └───────────────┘                   Evaporation
              │
┌─────────────────────┐  ┌──────────────────┐ ┌──────────────────────────┐
│ Screening biologique│  │ Poudre residuelle│ │ Extrait brut pâteux (100g)│
└─────────────────────┘  └──────────────────┘ └──────────────────────────┘
                                                     │ CC gel de silice
```

17-40 (3g)	76-92 (1g)	93-115 (3g)	126-145 (6g)	171-195 (5g)	196-200 (2g)

```
  ╱  ╲          ↓            ↓            ↓            ↓            ↓          ↓
CC2   CC1      CC3      stigmastérol  Glucoside de  Glucoside de  Sucrose
                                      Stigmastérol  Ergostérol
(15 mg)(10 mg)(10 mg)    (25 mg)       (22,5 mg)     (17,5 mg)   (30,4 mg)
```

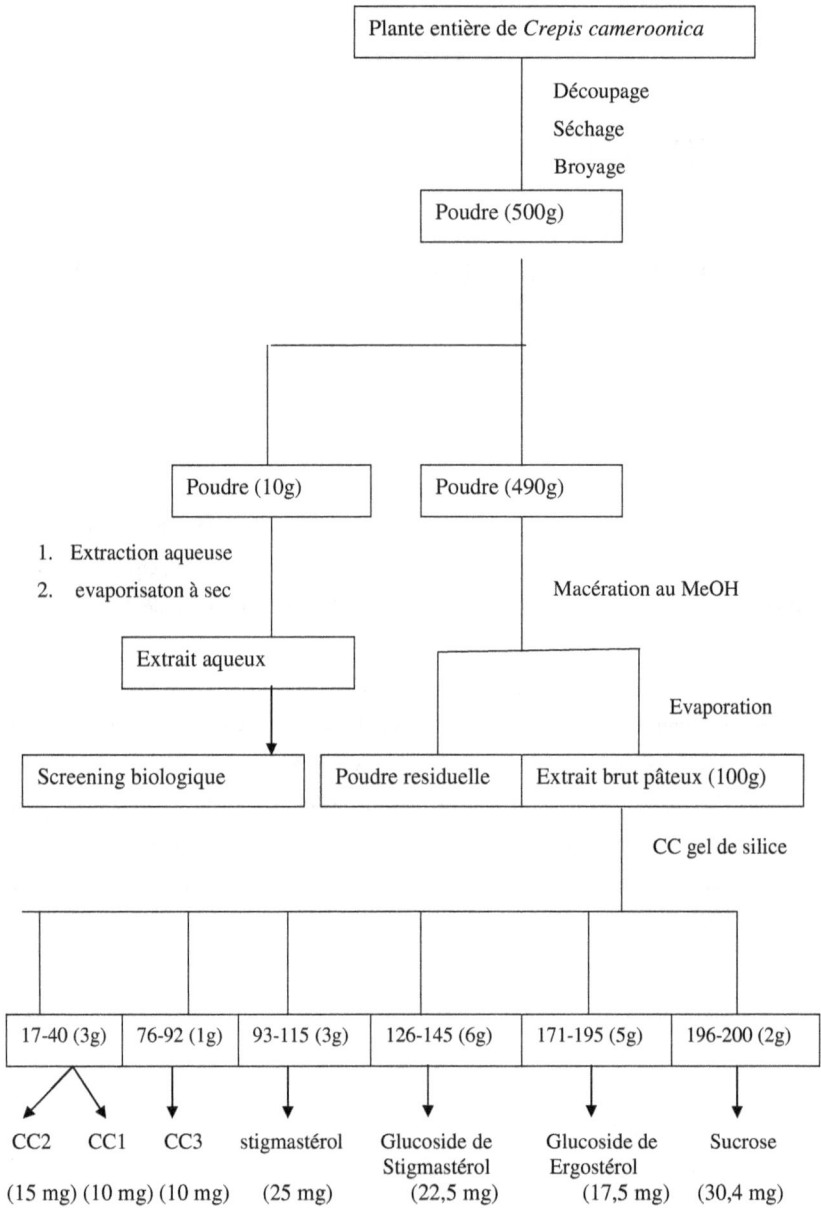

Schéma 5 : Protocole d'extraction et d'isolement des composés de Crepis cameroonica

II.1.2 EXTRACTION ET ISOLEMENT DE SENECIO BURTONII

La plante entière *Senecio burtonii Hook* a été récoltée en septembre 2005 sur les flancs du mont dans la province du Sud Ouest (Limbe). L'identification a été faite au jardin botanique de Limbe où l'échantillon a enregistré sur le numéro (ICN 13468). Après decoupage, sechage et broyage; la poudre obtenue (430 g) a été extraite par macération au méthanol pendant 72 heures chaque fois avec filtration et renouvellement du solvant après chaque 24 heure.. Après évaporation sous pression réduite, l'extrait organique (100g) obtenu a été séparé et purifié par l'utilisation de diverses méthodes chromatographiques (chromatographie sur colonne, couche mince, preparative etc). Les produits obtenus de cet extrait ont été égalemment repartis en différentes classes de métabolites secondaires à savoir les triterpenoides, les diterpenoides,, sesquiterpenoides, les acetogenineset les steroides connus.

Le schéma (6) résume le protocole d'extraction et de purification de l'extrait isssus de *Senecio burtonii.*

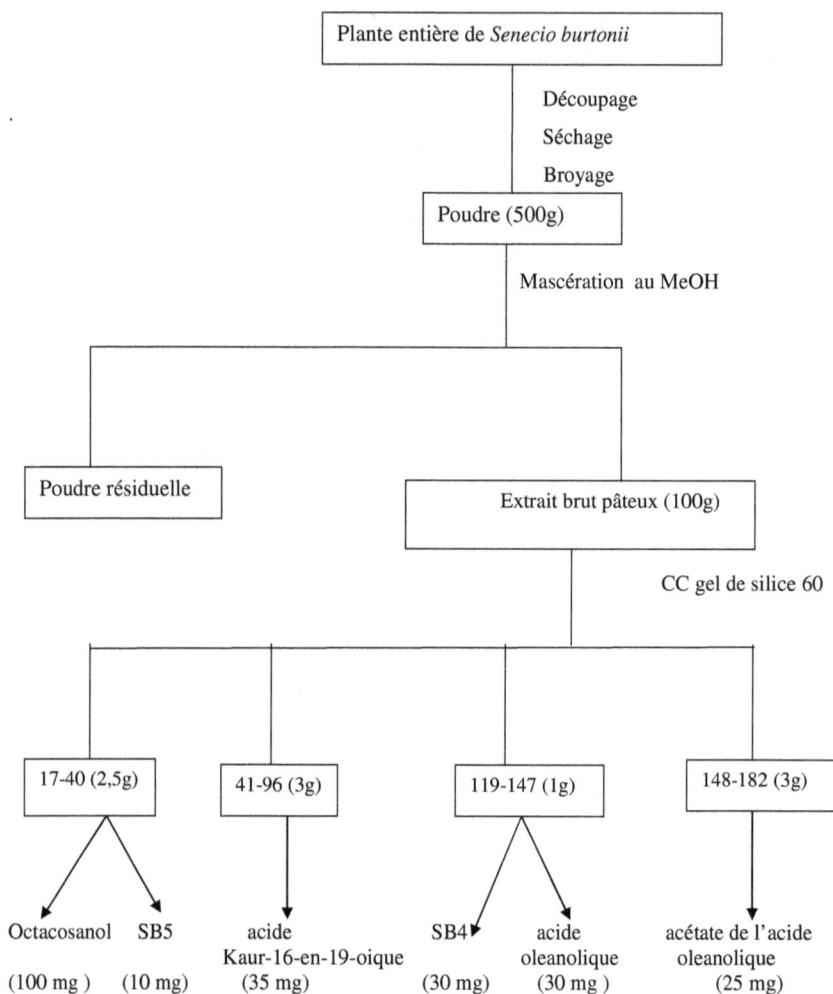

Schéma 6: Protocole d'extraction et d'isolement des composés de *Senecio burtonii*

II.2. ETUDE STRUCTURALE DES COMPOSES ISOLES DE *CREPIS CAMEROONICA* ET DE *SENECIO BURTONII*

Etant donné que les produits isolés de ces deux espèces appartiennent à des classes de composés chimiques identiques, il nous a semblé utile de les décrire par classes structurales. Les structures des dérivés obtenus ont été determinéés sur la base de leurs caractérisiques spectroscopiques et physiques; et confirmées par comparaison avec des données spectrales de la littérature pour les composés connus.

II.2.1 LES SESQUITERPENOÏDES

Les sesquiterpenoides isolés de ces deux plantes sont de la classe des guaianolides et des eremophilanes

II.2.1.1. Caractérisation de CC1

Obtenu sous forme de cristaux blancs dans le mélange Hex/AcOEt (95/5), le composé CC1 est soluble dans DMSO et observé sur une lampe UV à λ_{max} = 254 nm donne une tache brillante sur une plaque CCM.

Les constantes physiques obtenues de CC1 sont: PF. 220–222°C; $[\alpha]_D^{31,2}$ = +15.90 (c: 0,2 mol/litre MeOH)

Son spectre de masse electrospray-TOF en mode positif (Fig. 4) montre plusieurs pics notment à m/z = 527,2229 $[2M+H]^+$ et à 263.1205 $[M+H]^+$ ce qui permet d'attribuer à CC1 la formule brute $C_{15}H_{18}O_4$ correspondant sept degrés d'insaturation.

Les ions fragments observés sur le spectre de masse en impact électronique (Fig. 5) à m/z 244 $[M^+-H_2O]^+$ et m/z 226 $[M^+-2H_2O]^+$ proviennent successivement de l'élimination d'une molécule d'eau et deux molécules d'eau ce qui suggère la présence de deux groupements hydroxyles.

L'analyse du spectre RMN ^1H (Fig. 6, 7) de CC1 indique entre autre quatre groupes de signaux intégrant chacun un proton méthylène exocyclique à δ 4,95 (d,. J = 1,0 Hz, H-15b); 5,08 (d, J= 2,2 Hz, H-15a) et 5,19 (s br, H-14b); 5,38 ppm (s br, H-14a), deux groupes de signaux intégrant chacun un proton exomethylene α- β γ lactone insaturé à δ 6,30 (d, J = 3,6 Hz, H-13a) et 5,68 ppm (d, J = 3.2 Hz, H-13b), trois groupes signaux intégrant chacun un proton hydroxymethyne à δ 4,50 (dddd, J = 10,9, 5,3, 2,2, 1,0 Hz); 4,60 (dd, J = 9,8, 9,6 Hz,

H-6β) et 4,35 ppm (dd, J = 10,9, 5,6 Hz) et trois groupes de signaux intégrant chacun un proton methyne sp^3 à δ 3,10 (ddddd, J = 11,0, 9,8, 3,6. 3,2, 2,8 Hz, H-7α), 2,95 (ddd, 9,8, 8,1, 7,3 Hz, H-1α) et 2,83 ppm (dd, J = 9,6, 9,8 Hz, H-5α) (Tableau 6).

En plus, l'analyse du spectre RMN ^{13}C (Fig. 8) associé à l'expérience HSQC (Fig. 9) de CC1 révèle la présence d'un signal d'un carbonyle δ 169,6 ppm (C-12), trois signaux de carbones oxymethynes δ$_C$ 77,8 (C-6), 71,6 , 64,8 ppm , trois signaux de carbones exométhylène sp^2 δ$_C$ 121,1 (C-13), 115,1 (C-14), et 104,3 ppm (C-15), trois signaux de carbones sp^2 quaternaire δ$_C$ 154,3 (C-4), 144,5 (C-10), et 136,3 ppm (C-11), deux signaux de carbones sp^3 méthyléniques δ$_C$ 42,9 (C-8), 38.4 ppm(C-2) et trois signaux de carbones sp^3 méthynes δ 48,8 (C-5), 48,4 (d, C-7) et 43,5 ppm (C-1) (Tableau 6).

Vu les considérations biogénétiques un groupement hydroxyle est attaché en C-3 en positionβ. (Kisiel, *et al.*, 1983). 4,60 (dddd, J = 10,9, 5,3, 2,2, 1,0 Hz, H-3α) et 71,64 (C-3). Ceci est confirmé sur le spectre de masse par la présence d'un fragment à m/z 166 dûs à la fission C-1/C10 et C-5/C-6 du squelette carboné montrant que le second hydroxyle est fixé sur le cycle propanique

Les différents fragments observés, l'analyse des spectres RMN ^{1}H et ^{13}C ainsi que la comparaison des données spectrales des composés isolé des plantes du même genre montrent que CC1 est une sesquiterpène lactone appartenant à la classe des guaianolides (Corbella, *et al.*, 1971; Kisiel & Barszcz., 1995; Zidorn, *et al.*, 1999; Kisiel, *et al.*, 2000; Kisiel & Zielinska., 2001). Toutes ces données amènent à proposer les quatre structures suivantes pour CC1. 3ß, 8α - dihydroxyguaian-4(15),10(14),11(13)-trien- 6,12 –olide **10** (Samek, *et al.*, 1971); PF. 151-152 °C; [α]$_D$ = + 45.50 (c: 0,2 mol/litre MeOH); 3ß,8ß - dihydroxyguaian-4(15),10(14),11(13)-trien- 6,12 –olide (8-Epidesacylcynaropicrin) **11** (Kisiel., 1983) PF. 219-221°C; 3ß,9α-dihydroxyguaian-4(15),10(14),11(13)-trien-6,12 –olide **72**; 3ß,9ß -dihydroxyguaian-4(15),10(14),11(13)-trien- 6,12 –olide **73**

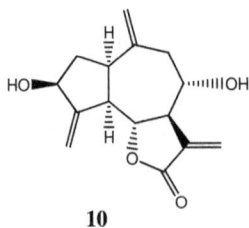

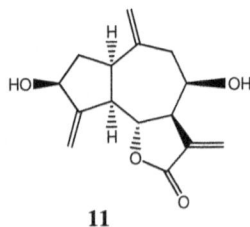

10

11

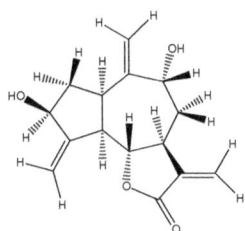

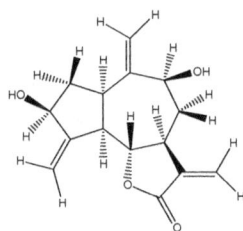

72

73

Le choix de l'une des structures a été faite par une interprétation rigoureuse des spectres HMBC (Fig.10), COSY (^{1}H-^{1}H) (Fig. 11) et NOESY (Fig.12) qui ont permis d'attribuer les différents protons et les configurations relatives des différents carbones asymétriques de CC1. En effet pour placer le second hydroxyle nous avons fait appel au spectre HMBC (Fig. 10) qui montre des corrélations entre H-9 / C-14 (δ_C 115,16); H-9/ C-10 (δ_C 144,50); H-9/ C-1 (δ_C 43,52); H-14a / C-9 (δ_C 64,81); H-14b / C-9 (δ_C 64,81); H-1 / C-9 (δ_C 64,81); H-1 / C-10 (δ_C 144, 50); H-8α / C-11(δ_C 136, 33); H-8ß / C-11 (δ_C 136,33); H-8α / C-7 (δ_C 48,45); H-8ß / C-7 (δ_C 48,45); H-13a / C-8 (δ_C 42,91); H-13b / C-8 (δ_C 42,91) (Tableau 8), ce qui a permis de placer le second hydroxyle en position C-9 δ_C 64,81ppm (C-9).

De plus la constante de couplage calculée de H-9 δ_H 4,35 ppm (dd, J = 10,9, 5,6 Hz H-9α) indique l'orientation β du groupement hydroxyle. La stéréochimie relative des différents carbones asymétriques a été confirmée en utilisant le spectre NOESY (Fig.12). Cette analyse a permis d'établir les différentes connectivités spatiales entre H-9α/ H-1α; H-9α/ H-7α; H-9α/ H-8α; H-9α/ H-15a; H-9α/ H-15b; H-1α/ H-2α; H-5α/ H-7α; H-1α/H-5α; H-3α/H-5α; H-3α/ H-7α; H-3α/ H-2α; H-6β/ H-8β; H-15a / H-15b. Sur la base de cette analyse CC1 a été caractérisé comme un dérivé nouveau nommé 3ß,9ß- dihydroxyguaian-4(15),10(14), 11(13)-trien- 6,12 –olide **73**

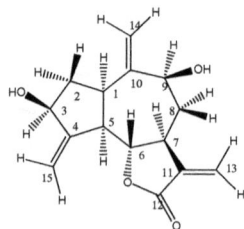

73

Tableau 6 : Données spectrales RMN ^{1}H et ^{13}C de CC1 dans le méthanol

Position		δ_H (J en Hz)	δ_c	Corrélations HMBC
01	Hα	2,95 (ddd, 9,8, 8,1, 7,3)	43,5	H2β; H2α; H5α; H9α;H14a;
02	Hα	2,25 (ddd, 13,1, 7,3, 5,3)	38,4	
	Hβ	1,75 (ddd, 13,1, 10,9, 8,1)		H3α; H1α; H5α
03	Hα	4,50 (dddd, 10,9, 5,3, 2,2, 1,0)	71,6	H3α; H1α; H5α
04			154,3	H3; H5α; H15a; H15b; H6β
05	Hα	2,83 (dd,. 9,6, 9,8)	48,8	H6β; H1α; H7α; H2α; H2β; H15a; H15b; H5α
06	Hβ	4,60 (dd,. 9,6, 9,8)	77,8	H1α;H7α; H2α; H2β; H15a; H15b; H5α
07	Hα	3,10 (ddddd, 11,0., 9,8, 3,6, 3,2, 2,8)	48,4	H8α; H8β; H13a; H13b
08	Hα	2,60 (ddd,. 13,4, 5,6, 2,8)	42,9	H-7α; H-9α; H-13b; H-13a
	Hβ	2,40 (ddd. 13,4, 11,0, 10,9)		
09	Hα	4,35 (dd,.10,9, 5,6)	64,8	H-14b;H-14a; H-1α; H-7α
10			144,5	H-1α;H-9α; H-8α; H-8β; H-2α; H-2β
11			136,3	H-7α; H-13a; H-13b; H-6β
12			169,6	H-13a;H-13b; H-7α
13	Ha	6,30 (d, 3,6)	121,3	H-7α
	Hb	5,68 (d, 3,2)		
14	Ha	5,08 (d, 2,2)	115,1	H-1α;H-9α
	Hb	4,95 (d, 1,0)		
15	Ha	5,38 (br s)	104,3	H-5α;H-3α
	Hb	5,19 (br s)		

II.2.1.2. Identification de CC2

Ce composé est isolé sous forme de cristaux blancs après plusieurs chromatographies sur colonne des fractions apolaires suivie d'une chromatographie par preparative. Il cristallise dans le mélange Hex/AcOEt (95/5) et est soluble dans le méthanol à chaud. CC2 observée sur une lampe UV donne une tache brillante sur une plaque de chromatographie sur couche mince.

Son spectre de masse en ionisation chimique (SMIC) (Fig. 13) montre plusieurs pics notament à m/z = 548,1; m/z = 285,6 [M+Na]$^+$ ce qui permet d'attribuer à CC2 la formule brute $C_{15}H_{18}O_4$ correspondant sept degrés d'insaturation. Les contantes physiques sont les suivantes PF. 151-152 °C; $[\alpha]_D$ = + 45.50 (c: 0,2 mol/litre MeOH)

Sur le spectre RMN ^{1}H de CC2 (Fig. 14), on observe quatre signaux de protons méthylènes exocycliques à δ 5,06 (d, J = 2,2 Hz, H15a); 4,70 (d, J = 1,6 Hz, H15b); 5,18 (s br, H14a); 5,10 ppm (s br, H14b); deux signaux de protons exométhylènes α- β γ-lactone insaturé à δ 6,18 (d, J=3,6 Hz, H13a); 5,62 ppm (d, J= 3,2 Hz, H13b), trois signaux de protons hydroxyméthynes à δ 4,40 (ddd, J = 9,3, 2,2, 1,0 Hz, H-3α); 4,26 (dd, J = 10,6, 10,9 Hz, H-6β); 4,10 ppm (dd, J = 10,9, 5,3 Hz, H-8β), trois signaux de protons methynes à δ 3,10 (m, H-7α), 2,92 (dd, J = 5,3, 9,3 Hz, H-1α); 2,89 (dd, J = 9,3, 10,6 Hz, H-5α); 4,82 (O-H); 4,90 ppm (O-H) (Tableau 7).

En comparant les données de RMN ^{1}H de CC2 (Tableau 7) avec ceux de la litterature (Kisiel., 1983), il apparaît que ce composé est une sesquiterpène lactone appartenant à la classe des guaianolides. Ceci est confirmé par l'analyse des spectres RMN ^{13}C complètement découplé (Fig. 15) et ATP (Fig. 16) de CC2 qui révèlent la présence d'un signal d'un carbonyle δ_c 169,4 ppm (C-12), trois signaux de carbones oxyméthynes δ_C 77,7 (C-6), 71,5 (C-3), 64,7 ppm (C-8), six signaux de carbones exomethylenes sp^2 δ_C 120,9 (C-13), 115,0 (C-14), et 107,3 ppm (C-15), trois signaux de carbones sp^2 quaternaire δc 154,26 (C-4), 144,38 (C-10), et 136,23 ppm (C-11), deux signaux de carbones sp^3 méthyléniques δc 42,92 (C-9), 38,44 ppm (C-2) et trois signaux de carbones sp^3 méthynes: δc 48,83 (C-5), 48,46 (C-7) et 43,31 ppm (C-1) (Tableau 7). Les constantes physiques obtenues de CC1 PF. 151-152 °C; $[\alpha]_D$ = + 45,50 (c: 0,2 mol/litre, MeOH) et les données des spectres de RMN ^{1}H et ^{13}C comparées à celles du composé CC1 etde la litterature montrent que CC1 et CC2 sont bien des isomères. CC1 est identifié à la 3ß,8α-dihydroxyguaian-4(15),10(14),11(13)-trien-6,12-olide (Desacylcynaropicrin) **10** (PF 150-151,5°C; $[\alpha]_D$ =119,7) (Samek, *et al.*, 1971) precedemment isoléé de *C.capillaris*.

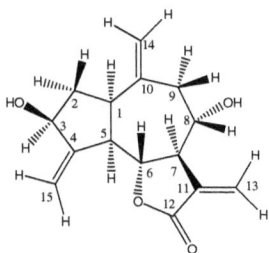

10

Tableau 7: Données spectrales RMN ^1H et ^{13}C de CC2 dans le DMSO

Position		δ_H(J en Hz)	δc
01	Hα	2,92 (dd, 5,3, 9,3)	43,3
02	Hα	2,15 (ddd, 13,1, 5,3, 9,3)	38,4
	Hβ	1,6(ddd. 13,1, 8,1, 10,9)	
03	Hα	4,40 (ddd. 9,3, 2,2, 1,0)	71.5
04			154.2
05	Hα	2,89 (dd, 9,3, 10,6)	48,8
06	Hβ	4,26 (dd, 10,6, 10,9)	77,7
07	Hα	3,10 (m)	48,4
08	Hβ	4,10 (dd,10,9, 5,3)	64,7
09	Hα	2,45 (dd, 13,1, 9,3)	42,9
	Hβ	2,25 (dd, 13,1, 9,3)	
10			144,3
11			136,2
12			169,4
13	Ha	6,18 (d, 3,6)	120,9
	Hb	5,62 (d, 3,2)	
14	Ha	5,06 (d, 2,2)	115,0
	Hb	4,70 (d, 1,6)	
15	Ha	5,18 s br	107,3
	Hb	5,10 s br	
	O-H	4,82 s br	
	O-H	4,90 s br	

II.2.1.3. Caractérisation de CC3

CC3 se présente sous forme de cristaux blancs après chromatographie sur colonne des fractions apolaires. Il donne une tache brillante sur une plaque de chromatographie sur couche mince observée en UV et cristallise dans le mélange Hex/AcOEt (95/5) et est soluble dans le DMSO.

Le spectre de masse de CC3 en ionisation chimique (SM-IC)) (Fig 17) présente plusieurs pics notamment à m/z = 555.1 $[2M+Na]^+$; m/z = 289,2 $[M+Na]^+$ et m/z = 267.1 $[M+H]^+$ à et l'analyse intégrale des spectres (SM, RMN^{1}H, ^{13}C) ont permis de faire correspondre à la masse moléculaire m/z 266.1 la formule moléculaire brute $C_{15}H_{22}O_4$ correspondant cinq degrés d'insaturation.

Les fragments à m/z 248 $[M-H_2O]^+$ et m/z 230 $[M-2H_2O]^+$ retenus sur le spectre de masse en impact électronique (Fig 18) proviennent successivement de l'élimination d'une molécule d'eau et deux molécules d'eau ce qui suggère la présence de deux groupements hydroxyles.

En effet, l'analyse du spectre RMN ^{1}H (Fig. 19) montre deux sgnaux de protons méthylènes exocycliques à δ 4,99 (d. J= 3.0 Hz. H-14a) et 4,85 ppm (d. J= 3.0 Hz. H-14b), trois signaux de protons oxymethyne δ 4,75 (ddd, J = 12,0. 6,0. 6,0 Hz), 4,10 (dd. J = 12,0. 9,6 Hz, H-6β) et à 4,65 ppm (ddd. J = 8,0. 6,0. 6,0 Hz), cinq signaux de protons methines sp^3 à δ 3,80 (dq. J = 9,6. 6,0 Hz, H-11β), 2,65 (ddd. J = 9,6. 9,6. 9,6 Hz, H-1α, H-7α), 1,95 (ddd. J = 12,0. 12,0. 9,6 Hz, H-5α) et 1,75 ppm (ddd. J=12,0. 12,0. 6,0 Hz, H-4β) (Tableau 8).

De plus, sur le spectre RMN ^{13}C (Fig. 20) complètement découplé et APT (Fig. 21), on observe quinze sigaux d'atomes de carbones notamment un signal d'un carbonyle δ(ppm) 178,3 (C-12); un signal d'un carbone sp^2 quaternaire δ(ppm) 143,6 (C-10), trois signaux de carbones oxymethynes δ(ppm) 80,1 (C-3); 76,8 (C-6); 62,5 (C-8), un signal d'un carbone exométhylène sp^2 δ(ppm) 114,49 (C-14), deux signaux de deux groupements methyles δ(ppm) 17,7 (CH$_3$-4), 12,6 (CH$_3$-11), cinq signaux de carbones sp^3 methynes δ(ppm) 41,6 (C-1); 55,0 (C-5); 46,2 (C-4); 50,8 (C-7); (C-11), deux signaux de carbones sp^3 méthyléniques δc (ppm) 44,1 (C-9); 38,9 (C-2) (Tableau 8).

Les différents fragments observés et la comparaison des données de RMN ^{1}H et RMN ^{13}C de CC3 associés aux expériences COSY (Fig. 22) avec celles des dérivés des zaluzanin (Kisiel & Barszcz., 1996; Kisiel, *et al*., 2000;) confirment que CC3 appartient à la classe des zaluzanin. Par rapport aux considérations biogénétiques un groupement hydroxyle est attaché au C-3 en position β (Kisiel, *et al*., 1983). δ_H (ppm) 4,65 (ddd. J = 8,0. 6,0. 6,0 Hz, H-3α), δ_C (ppm) 62,5 (C-8). Ceci est confirmé par la présence d'un pic m/z 168 obtenu par la fission du squelette C1/C10 et C5/C6 confirmant la position d'un hydroxyle sur le cycle cyclopentanique. Toutes ces données amènent à proposer les huit structures suivantes 8β-hydroxy-4β(13),11β(15)-tétrahydrozaluzaninC **14** (Kisiel., 1984); 8β-hydroxy-4α,11β,13,15-tétrahydrozaluzaninC **74**; 8α-hydroxy-4β,11β,13,15-tétrahydrozaluzaninC **75**; 8α-hydroxy-4α,11β,13,15-tétrahydrozaluzanin C **76**; 9β-hydroxy-4β,11β,13,15-tétrahydrozaluzanin C **77** (Halim, et al., 1983) ; 9β-hydroxy-4α,11β,13,15-tétrahydrozaluzanin C **78** (Jukupovic, et al., 1988); 9α-hydroxy-4α,11β,13,15-tétrahydrozaluzanin C **16** (Kisiel et al., 1996); 9α-hydroxy-4β ,11β,13,15-tétrahydrozaluzanin C **18** (Kisiel et al., 1995);

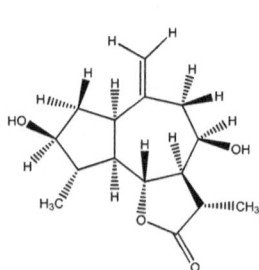

14

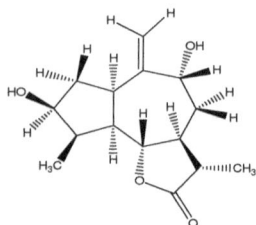

16

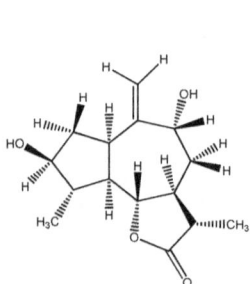

18

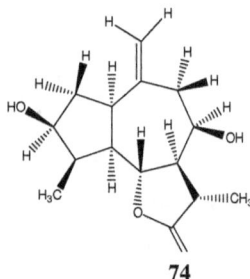

74

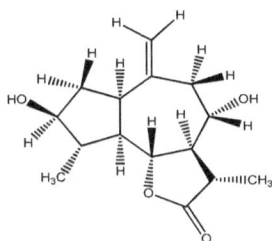

75

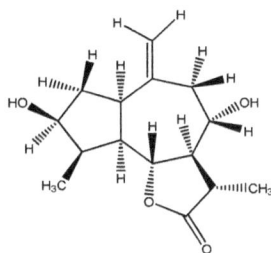

76

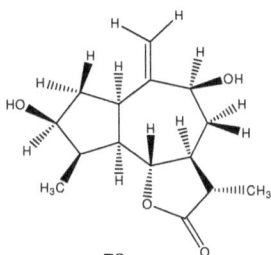

78

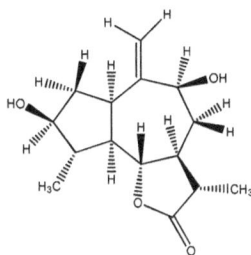

77

Dans le but de determiner la position du second groupement hydroxyle et les configurations relatives des différents centres asymétriques, nous avons fait appel au spectre HMBC. Les corrélations observées sur le spectre HMBC (Fig 23) de CC3 entre H-8β/C11 (δ_C 35.8); H-9β/C-1 (δ_C 41,6); H-9α/C-1 (δ_C 41,6); H-8β/C-6 (δ_C 76,8); H-1α/C-14 (δ_C 114,4), H-9α/ C-14 (δ_C 114,4), H-8β/C-10 (δ_C 143.6); H-9β/C-10 (δ_C 143,6), H-14a/C-9 (δ_C 44,1), H-14b/C-9 (δ_C 44,1), H-1α/C-9 (δ_C 44,1), H-11β/C-8 (δ_C 62,5), H-6β/C-8 (δ_C 62,5), α-CH$_3$-13/C-8 (δ_C 62,5), α-CH$_3$-13/C-12 (δ_C 178,3), H-7α/C-12 (δ_C 178,3), H-11β/C-12 (δ_C 178,3), H-6β /C-12 (δ_C 178,3), H-6β/C-8 (δ_C 62,54) ont permis de fixer le second hydroxyle en position 8. (Tableau 9). Les corrélations observées sur le spectre NOESY (Fig. 24) entre H-9β /H-8β; H-8β /H-11β; H-8β/H-6β; H-8β/H-11β et la constante de couplage calculée entre H-8 δ (ppm) 4,75 (ddd, J = 12,0. 6,0. 6,0 Hz, H-8β) indique l'orientation α du second hydroxyle. Toutes ces données nous permettent de retenir quatre structures suivantes.

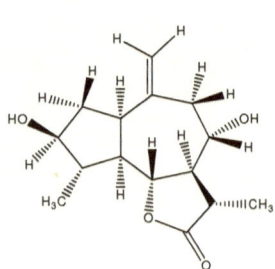

75

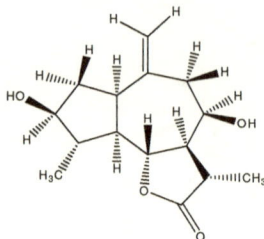

14

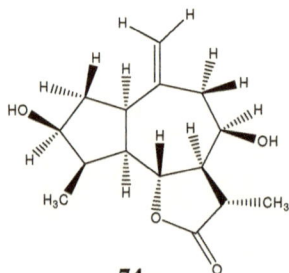

74

Le choix de l'une des structures a été confirmée par l'analyse du NOESY (Fig. 24) qui montre des corrélations entre H-5α/H-4α; H-3α/H-5α ; H-3α/H-4α; H-6β/β-Me-15; H-6β/H-11β ; H-1α/H-2α; H-1α/H-5α; H-1α/H-14a; H-2α/H-3α; H-2α/α-Me-15; H-7α/α-Me-13 et La constante de couplage calculée J= 9.6 Hz entre H-7α/ H-11β et J= 6.0 Hz entre H-4α/ H-3α (H-5α). Ceci nous a permis de déterminer la configuration relative de CH$_3$-13 en α et CH$_3$-15 en β. L'ensemble de toutes ces données nous permettent d'attribuer à CC3 la structure **76** décrite pour la première fois qui est celle de la 8α-hydroxy-4α(13),11β(15)-tetrahydrozaluzanin C.

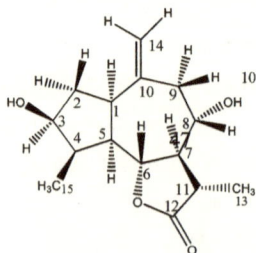

76

Tableau 8: Données spectrales RMN^{1}H et ^{13}C de CC3 dans le DMSO

Position		δ_H(J en Hz)	δc	Corrélations HMBC
01	Hα	2,65 (ddd, 9,6, 9,6, 9,6)	41,6	H-2β; H-2α; H-9β; H-9α; H-5α; H-14a; H-14b
02	Hα	1,55 (ddd, 14,0, 9,6, 8,0)	38,9	H-5α; H-3α; Me-13
	Hβ	1,55 (ddd ,14,0, 9,6, 8,0)		
03	Hα	4,65 (ddd, 12,0, 6,0 , 6,0)	80,1	H-4β; Me-15; H-2β; H-2α; H-1α
04	Hα	1,75 (ddd, 6,0, 6,0, 6,0)	46,2	H-3α; H-5α
05	Hα	1,95 (ddd, 12,0, 9,6, 6,0)	55,0	H-1α; H-4β; Me-15
06	Hβ	4,10 (dd,, 12.0, 9,6)	76,8	H-8β; H-5α; Me-13; H-11β
07	Hα	2,65 (ddd, 9,6, 9,6, 9,6)	50,8	Me-13; H-7β; H-6β
08	Hβ	4,75 (ddd, 9,6, 6,0, 6,0)	62,5	H-7α; H-9α; H-9β; H-11β; Me-13
09	Hα	1,75 (dd,12,0, 6,0)	44,1	H-1α; H-14a; H-14b
	Hβ	2,15 (dd, 12,0, 6,0)		
10			143,6	H-1α; H-9α; H-9β; H-8β; H-2ß; H-2α
11	Hβ	3,80 (dq, 9,6, 6,0)	35,8	H-7α; H-8ß; H-6β
12			178,3	Me-13; H-7α; H-11β; H-6β
13	α CH$_3$	1,14 (d, 6,0)	17,7	H-7α; H-11ß
14	Ha	4,99 (d, 3,0)	114,4	H-1α; H-9ß
	Hb	4, 85 (d, 3,0)		
15	β-	1,14 (d, 6,0)	12,6	H-3α; H-5α; H-4ß

II.2.2. LES DITERPENOÏDES

Les diterpenoïdes isolés appartiennent à la classe des Kaurenes

II.2.2.1. Identification de SB6

SB6 a été obtenu sous forme de cristaux blancs. Il cristallise dans le méthanol et est soluble dans le chloroforme. Sa formule brute $C_{20}H_{30}O_2$ a été déduite à partir du spectre de masse electrospray-TOF MS positif qui montre plusieurs pics notament à m/z = 627,4460 [2M+Na]$^+$, m/z = 605,4676 [2M-H]$^-$, m/z= 303,2334 [M+H]$^+$(Fig 25) et renferme cinq insaturations

Le spectre IR (Fig. 26) (cm^{-1}) montre des pics d'absorption d'un groupement carboxylique à 2931, 1692 (COOH), et à 1650, 900,872 (une double liaison exo-methylène.) En effet, on observe sur le spectre RMN ^1H (Fig 27) des signaux à δ_H (ppm) à 0,93 et 1,22 intégrant chacun trois protons attribuables à deux méthyles angulaires, deux protons vinyliques exo-cycliques à δ_H (ppm) 4,77 et 4,71 apparaissant comme des singulets, trois methynes à δ_H (ppm) 1,02; 1,04; 2,61. (Tableau 9)

Par ailleurs, son spectre RMN ^{13}C (Jmod) (Fig 28) permet de relever des signaux à δ_C (ppm) 185,02 attribuable au carbonyle d'un groupement carboxylique, deux méthyles tertiaires à δ_C (ppm) 15,5 et 28,9, dix méthylènes δ_C (ppm) à 39,6; 19,0; 37,7; 18,3; 41,1; 21,7; 33,06; 40,6; 48,9 incluant un exo –méthylène à δ_C (ppm) 103,0, trois methynes à δ_C (ppm) 57,02; 55,05; 43,8, quatre carbones quaternaires à δ_C (ppm) 43,7; 44,1; 39,6 y compris un carbone quaternaire sp^2 à δ_C (ppm) 155,8. (Tableau 9). En comparant les données spectrales de SB6 avec d'autres dérivés isolés dans le même genre et la même famille (Cheng, et al.,1993; Bohlmann, et al., 1977; Piozzi, et al., 1980; Ragasa, et al., 1993; Toyota, et al.,1996)

Le composé SB6 a été identifié à un diterpenoide appartenant la série des ent-kaurane.. Les spectres COSY (Fig 29), HMBC (Fig. 30) ont permis d'assigner tous les protons et ^{13}C (Tableau 9). Toutes ces données confirmemnt que le composé SB6 est un diterpenoide avec C-18 équatorial, C-20 axiale et un groupement carboxylique en C-19. L'étude comparée de ses données avec celle de la littérature (Lu, et al., 1995) a permis de donner à la structure le nom de L'acide Kaur-16-en-19-oique **78**

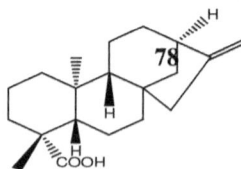

Tableau. 9: Données spectrales RMN[1]H et [13]C Acide Kaur-16-en-19-oique

N°		δ_H(J en Hz)	δ_c	Corrélations HMBC
01	Hα	1,84 (ddd, 13,0, 11,7, 5,3)	40,6	H-3β; H-3α; H-2α; H-2β; H-5β
	Hβ	0,79 (dt, 13,0, 4,2)		
02	Hα	1,80 (dddt, 12,8, 8,9, 5,3, 4,2)	19,0	H-3β; H-3α
	Hβ	1,38 (dddt 12,8, 11,7, 8,9, 4,2)		
03	Hα	2,17 (ddd, 14,2, 8,9, 4,2)	37,7	H-1α; H-1β; H-5β; CH$_3$-18
	Hβ	0,98 (ddd, 14,2, 8,9, 4,2)		
04			43,7	CH$_3$-18; H-3β; H-3α; H-5β
05	Hβ	1,03 (t, 8,3)	57,0	CH$_3$-18; CH$_3$-20; H-3β; H-3α
06	Hα	1,52 (dt, 9,7, 8,3)	18,4	
	Hβ	1,52 (dt, 9,7, 8,3)		
07	Hα	1,47 (t, 9,7)	41,2	H-15α; H-15β; H-5β; H-9β
	Hβ	1,47 (t, 9,7)		
08			44,1	H-13α; H-6β; H-6α
09	Hβ	1,06 (dd, 11,7, 5,8)	55,0	CH$_3$-20; H-5β
10			39,6	CH$_3$-20; H-5β; H-1α; H-1β
11	Hα	1,78 (ddd, 11,7, 6,9, 6,5)	21,8	H-13α; H-5β
	Hβ	1,78 (ddd, 11,7, 6,9, 6,5)		
12	Hα	1,62 (ddt, 15,7, 12,0, 6,9)	33,0	H-5β; H-14α; H-14β
	Hβ	1,51 (ddt; 15,7, 6,9, 3,3)		
13		2,61 (br, s)	43,8	H-17a; H-17b; H-11β; H-11α
14	Hα	1,97 (dd, 15,6, 3,3)	39,6	H-15β; H-15α; H-9β; H-7β; H-7α
	Hβ	1,11 (dd, 15,6, 4,0)		
15	Hα	2,02 (dd, 6,6, 1,9)	48,9	H-17a; H-17b; H-14a; H-14b
	Hβ	2,02 (dd, 6,6, 1,9)		
16			155,8	H-17a; H-17b; H-14a; H-14b
17	Ha	4,77 (br s.)	103,0	H-13 α; H-15β; H-15α
	Hb	4,71 (br s)		
18	β- CH$_3$	1,22 (s)	28,9	H-3β; H-3α; H-5β
19			184,9	CH$_3$-18; H-3α; H-3β
20	α- CH$_3$	0,93 (s)	15,5	H-1α; H-1β;H-5β; H-9β

II.2.2.2. Acétylation de l'acide Kaur-16-en-19-oique

L'acétylation de SB6 avec l'anhydride acétique dans la pyridine a donné un dérivé acétylé. La différence observée avec SB5 est illustrée par le spectre de masse electrospray-TOF mode positif. (Fig. 31) $[2M+H]^+$ à m/z =721,4732 $[M+H]^+ = $ à m/z = 361,2340 correspondant à la formule brute $C_{22}H_{32}O_4$

Cette masse égale à celle de SB6 augmenté de 58 um.a. ce qui suggère la présence d'une unité d'un acetylcarboxylique m/z: 301 $[M^+-CH_3COOH]$ (Fig 31).

Comme SB6, le spectre RMN ^1H du dérivé acétylé (Fig 32) indique les signaux à δ_H (ppm) 1,25 et à δ_H (ppm) 1,01 intégrant chacun trois protons attribuable à deux méthyles angulaires et à δ_H (ppm) 2,06 attribuable à un méthyle lié à un carbonyle, deux protons vinyliques exo-cycliques à δ_H (ppm) 4,79 et 4,73; quatres methyne à 1,11 et 1,04 et 2,60; un proton oxymethyne à δ_H (ppm) 4,5 (dd. J=8,4. 12,6 Hz)

Sur le spectre RMN ^{13}C (Jmod) (Fig 33), on observe dans la région des champs faibles deux signaux à δ_C (ppm) 179,6 et 170,9 attribuable respectivement à deux carbonyles l'un d'un acide et le second d'un ester. En plus il montre dix méthylènes primaires δ_C (ppm) 40,9; 24,0; 21,5; 33,0; 18,5; 24,0; 39,4; 48,7, un méthylène sp^2 δ_C (ppm) 103,3, trois méthyles dont deux angulaires à δ_C (ppm) 15,3; 23,6; 21,3; carbones quaternaires 39,4; 47,8; 43,8, un carbone quaternaire sp^2 δ_C (ppm) 155,3.

L'analyse des spectres COSY (Fig 34) et HMBC (Fig 35) (Tableau 11) nous ont permis de fixer le groupement acetylacétique en position 3. La stéréochimie relative des différents protons a été précisée á partir du spectre NOESY (Fig. 36) où on observe des corrélations entre H-3β /H-5β; H-3β / β- CH₃; H-5β /H-9β.Selon les données de la littérature, ces différentes observations nous permettent de dire c'est un dérivé nouveau qui a la structure de la 3β-acetate de l'acide Kaur-16-en-19-oique **79** décrite pour la première fois dans la littérature.

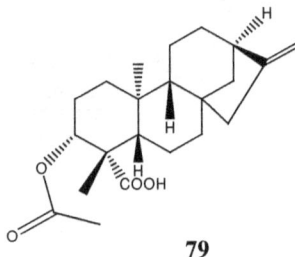

79

Tableau. 10: Données spectrales RMN^{1}H et ^{13}C de 3β-acetate de l'acide Kaur-16-en-19-oique

N° Carbones		δ$_H$(J en Hz)	δc	Corrélations HMBC
01	Hα	1,59 (ddd, 13,2, 6,8, 3,7)	40,9	H-3β; H-2α; H-2 β; H-5β
	Hβ	1,46 (ddd, 13,2, 10,9, 1,9)		
02	Hα	2,34(dddd,13,6,11,2,10,9,6,8)	24,0	H-3β
	Hβ	1,82(dddd, 13,6, 7,5, 3,7,1,9)		
03	Hβ	4,54 (dd., 7,5, 11,2)	78,9	H-1;H-5β; CH$_3$-18
04			47,8	CH$_3$-18; H-3β; H-5β
05	Hβ	1,09 (dd, 13,4, 5,1)	56,3	CH$_3$-18; CH$_3$-20; H-3β
06	Hα	1,92 (ddt,15,0, 13,4, 6,9)	21,5	
	Hβ	1,72 (ddt,15,0, 5,1, 4,9)		
07	Hα	1,07 (dd, 6,9, 4,9)	38,7	H-15α; H-15β; H-5β; H-9β
	Hβ	1,07 (dd, 6,9, 4,9)		
08			43,8	H-13α, H-6β, H-6α
09	Hβ	1,03 (dd; 11,7,5,6)	55,1	CH$_3$-20; H-5β
10			39,3	CH$_3$-20; H-5β; H-1α; H-1β
11	Hα	1,62 (dddd, 15,4,11,7, 6,7, 4,7)	18,5	H-13α; H-5β
	Hβ	1,56 (dddd, 15,4, 6,9, 5,6, 2,7)		
12	Hα	1,57 (ddddd, 15,7, 6,9, 4,7, 5,9 ,3,4)	33,0	H-5β; H-14α; H-14β
	Hβ	1,66 (dddd; 15,7, 12,3, 6,7, 2,7, 3,4)		
13		2,60 (br, s)	43,7	H-17a; H-17b; H-11β; H-11α
14	Hα	1,97 (dd, 15,6,12,1)	39,4	H-15β; H-15α;H-9β;H-7β;
	Hβ	1,11 (dd, 15,6, 5,0)		H-7α
15	Hα	2,06 (dd, 3,8, 1,9)	48,7	H-17a; H-17b; H-14a; H-14b
	Hβ	2,06 (dd, 3,8, 1,9)		
16			155,3	H-17a; H-17b;H-14a;H-14b
17	Ha	4,78 (bs, s)	103,3	H-13α; H-15β; H-15α
	Hb	4,73 (br, s)		
18	β-CH$_3$	1,25 (s)	23,6	H-3β; H-5β
19			179,6	CH$_3$-18; H-3β
20	α- CH$_3$	1,01 (s)	15,3	H-1α; H-1β;H-5β; H-9β
21			170,9	H-3β; CH$_3$-22
22		2,00 (s)	21,3	

II.2.2.3. Caractérisation de SB4

SB4 se présente sous forme de cristaux blancs et cristallise dans le mélange hexane-acétate d'éthyle. Il est soluble dans le chloroforme.

Son spectre de masse à haute résolution electrospray-TOF en mode négatif (HRESIMS-TOF) (Fig 37) montre le pic de l'ion moleculaire [[M-H]⁻ à m/z 349,2035 indiquant la formule moléculaire $C_{19} H_{26} O_6$

En UV à λ_{max} (MeOH), on observe une bande d'absorption intense à 263.5 nm suggérant la présence d'un chromophore conjugué.

L'analyse des spectres de RMN ^{1}H (Fig. 38)et ^{13}C (Fig. 39) associés aux expériences HSQC (Fig. 40), HMBC (Fig. 41), COSY (Fig. 42) et NOESY (Fig. 43) ainsi que le spectre de masse ont permis d'attribuer à SB4 la structure **80** qui est celle de la 4α-[2'-hydroxymethylacryloxy] - 1β-hydroxy- 14-(5- 6) abeo eremophilan-12,8-olide

En effet le spectre RMN ^{13}C Jmod (Fig. 39) complètement découplé fait ressortir 19 atomes de carbones. L'analyse de ce spectre indique la présence de cinq carbones quaternaires contenant deux carbonyles, deux carbones sp^2 et un carbone sp^3; six methyne sp^3; six méthylène secondaires contenant quatre carbones sp^3 et deux carbones sp^2; deux methyles. Le spectre RMN^{1}H de SB4 (Fig. 32) indique la présence de quatre sigaux intégrant deux methyls à δ 1,10 (d. J = 6,0Hz.) et l'autre à 1,05 ppm (s) attribué respectivement à (CH₃ -13) et (CH₃ -15), deux groupes de signaux de deux protons oxymethyne à δ 4,35 (ddd. J = 10,8, 6,2; 3,3 Hz); à 4,44 ppm (dt. J = 5,3; 4,9Hz) attribué respectivement à H-1α et H-8α; quatre groupes de signaux intégrant quatre protons methyniques à δ 3.10 (dd. J = 6,2; 7,0 Hz), 2.50 (dq,. J = 6,2; 7,0 Hz), 2,25 (dd. J = 2,5; 4,9 Hz) et à 1,45 ppm (m) attribué respectivement à H-7α, H-11, H-5, H-4; deux signaux intégrant deux protons méthylène exocycliques à δ 4.90 br(s) et 5.00 ppm br(s) attribué respectivement à H14a, H14b; trois méthylène à δ$_H$ (ppm) 2.15 (dt, J = 12,5, 3,0 Hz) et δ$_H$(ppm) 2,00 (dt, J = 12,5; 3,0 Hz) assigné respectivement à H-3β et H-3α; à δ$_H$ (ppm) 1.95 (ddd. J = 12,0; 4,9; 3,0 Hz) attribué à H-2; δH (ppm) 1.85 (ddd. J=13,5; 10,8; 10,3 Hz) et δ$_H$ (ppm) 1,65 (ddd. J = 13,5; 4,5; 4,3 Hz) assigné respectivement à H-9α et H-9β (Tableau 12). Cette hypothèse a été confirmée par l 'analyse du spectre RMN ^{13}C Jmod de SB4 qui indique entre autres la présence deux oxymethynes à δ$_C$ (ppm) 81,4 et 81,0 attribué respectivement à (C-8) et (C-1); quatre methynes à δ$_C$ (ppm) 49,9 (C-7); 41,2

(C-11); 57,7 (C-5); 46,5 (C-10); quatre méthylènes secondaires dont trois hybridés sp^3 à δ_C (ppm) 26,5 (C-9); 28,9 (C-3); 29,8 (C-2) et un hybridé sp^2 à δ_C (ppm) 110,4 (C-14), deux carbones quaternaires dont l'un hybridés sp^3 portant un atome d'oygéne à δ_C (ppm) 78,7(C-4) et un hybridé sp^2 à δ_C (ppm) 147,9 (C-6) et un carbonyle à δ_C (ppm) 178,1 attribué à γ lactone (C-12) (Tableau 12).

Les différentes corrélations observées sur le spectre HMBC (Fig. 41) C-5 (δ_C 57,7)/H14b; C-5 (δ_C 57,7)/H14a; C-5 (δ_C 57,7)/H-1; C-5 (δ_C 57,7)/H-7; C-5 (δ_C 57,7)/CH$_3$-15; C-6 (δ_C 147,9)/H-8; C-6 (δ_C 147,9)/H-10; C-6 (δ_C 147,9)/H-11; C-7 (δ_C 49,9)/H14a; C-7 (δ_C 49,9)/H14b; C-7 (δ_C 49,9)/H-5; C-7 (δ_C 49,9)/CH$_3$-13; C-8 {δ_C 81,4}/H-10; C-8 {δ_C 81,4}/H-11; C-10 (δ_C 46,5)/H-8; C-12 (δ_C 178,1)/H-11; C-12 (δ_C 178,1)/H-7 et C-12 (δ_C 178,1)/CH$_3$-13; C-14 (δ_C 110, 4)/H-7; 14 (δ_C 110,4)/H-5 ont permis de fixer une double liaison en C-6 et les autres carbones. De cette analyse SB4 ressemble aux dérivés de cacalolide (Torres et al., 1997; Bohlmann., 1985) déjà isolé dans le même genre. En plus sur le spectre de masse, la présence d'un fragment à m/z =350 résulterait de la perte d'un groupement hydroxymethylacryloxyl dans SB4

L'analyse du spectre RMN ^{1}H (Fig 38) montre entre autre deux signaux de deux protons méthylènes exocycliques caractéristiques à δ 6,10 (dd. J = 1,1; 3,0 Hz) et à 5,65 ppm (dd. J = 1,0; 3,0 Hz); deux protons oxymethylene à δ_H (ppm) 4,00 (dd. J=1,1. 11,0 Hz) et δ_H (ppm) 3,99 (dd. J=1,0; 11,0 Hz) et du spectre RMN ^{13}C (Fig 39) des signaux à δ_C 62,6 ppm un oxymethylene (C-4 '); un méthylène secondaire sp^2 à δ_C (ppm) 119,7 (C-3 '); un carbone quaternaire de sp^2 à δ_C (ppm) 147,7 (C-2') et un signal à δ_C(ppm) 172,8 attribué à un carbonylique d'un α,β ester insaturé (C-1 ')) confirment la présence d'un groupement hydroxymethylacryloxyl. L'analyse du spectre COSY (Fig 42) a permis d'établir les différentes connectivités entre les protons La position du groupement hydroxymethylacryloxyl en C-4 a été établie sur le spectre HMBC (Fig 41) où on note des corrélations entre C-4/H-10, C-4/H-2, C-4/CH$_3$-15, C-5/H-1, C-5/ H-3. Les corrélations observées sur le spectre NOESY (Fig 43) entre H-11 (δ_H 2.50)/H-8 (δ_H 4.35), H-8 (δ_H 4.35)/H-10 (δ_H 1.45), H-5 (δ_H 2.20)/H-7 (δ_H 3.10), H-5 (δ_H 2.20)/H-1 (δ_H 4.44) ainsi que les différentes constantes de couplage calculées ont permis d'établir les différentes configurations relatives de protons. Toutes ces données ont confirmé que le composé SB4 est un eremophila-12,8-olide dans lequel CH$_3$-14 a probablement transféré à de C-5 à C-6. au vue de tout ce qui précède, on peut enfin déterminer pour le composé SB4 la structure **80** la 4α-[2'-hydroxymethylacryloxy]-1β-hydroxy- 14-(5- 6)abeo eremophilan-12,8-olide.

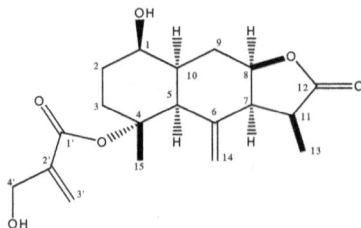

80

Tableau. 11: Données spectrales RMN^{1}H et C de SB4 dans le CD$_3$OD

N°		δ$_H$ (J= Hz)	δ$_C$	HMBC
1	Hα	4.44 (dt, 5.3, 4.9)	81.0	H-5α; H-9α; H-9β; H-3α; H-3β
2	Hα	1.95 (ddd, 12.0, 4.9, 3.0)	29.8	H-10α
	Hβ	1.95 (ddd, 12.0, 4.9, 3.0)		
3	Hα	2.00 (dt, 12.5, 3.0)	28.9	H-5; H-1α; CH$_3$-15
	Hβ	2.15 (dt, 12.5, 3.0)		
4			78.7	H-10α; CH$_3$-15; H-2α; H-2β
5	Hα	2.25 (dd, 1.5, 4.9)	57.7	H-1α; H14a; H14b; CH$_3$-15; H-9α; H-9β H-7α
6	Hα		147.9	H-8α; H-10α; H-11α
7	Hα	3.10 (dd, 6.2, 7.0)	49.9	H14a; H14b; H-5α, CH$_3$-13; H-9α; H-9β
8	Hα	4.35 (ddd, 10.8, 6.2, 3.3)	81.4	H-11;H-10α
9	Hα	1,85 (dd, 13.5, 10.8, 10.3)	26.5	H-5α; H-7α; H-1α
	Hβ	1,65 (dd, 13.5, 4.5, 3.3)		
10	Hα	1.45 (m)	46.5	H-8α; H-2α; H-2β
11	Hα	2.50 (dq, 6.2, 7.0)	41.2	H-8α; H-7α
12			178.1	H-11α; CH$_3$-13; H-7α
13		1.10 (d, 6.2)	23.8	
14	Ha	4.90 br(s)	110.4	H-7α; H-5α
	Hb	5.00 br(s)		
15		1.05 (s)	12,6	
1'			172.8	H-3'; ;H-4'
2'			147.7	H-4'
3'	Ha	6.10 (dd, 1.1, 3.0)	119.7	
	Hb	5.65 (dd, 1.0, 3.0)		
4'	Ha	4.00 (dd, 1.1, 11.0)	62.6	H-3'
	Hb	3.99 (dd, 1.0, 11.0)		

II.2.3. LES TRITERPENOÏDES

II.2.3.1. Identification de SB2

SB2 cristallise sous forme de poudre blanche dans le mélange Hexane – Acétate d'éthyle. Il a une coloration violette quand il est révélé à l'acide sulfurique dilué et donne une coloration rouge intense qui vire au violet avec le réactif Liebermann –Buchard, ce qui nous fait penser que SB2 est un triterpenoide

Son spectre de masse en ionisation chimique montre les pics $[M+Na^+]^+$ à m/z = 479,6 et $[M-H]^-$ à m/z 455,4 correspondant à la formule brute $C_{30}H_{48}O_3$ renfermant 7 insaturations

Sur son spectre de RMN ^1H, on observe à δ (ppm) 0,66 (3H, s); 0,70(3H, s); 0,84(3H, s); 0,88(3H, s) 0,86 (3H, s); 1,00 (3H, s); 1,08 (3H, s); 4,23 (1H, dd, J= 10,8; 6,4 Hz); 5,15 (1H, t, 3,5Hz); 2,71 (1H, dd, 3,5; 4,5 Hz) sept signaux intégrant chacun trois protons et correspondant aux méthyles angulaires apparaissant sous forme de singulet. Un doublet de doublet à $δ_H$ (ppm) 4.56 (1H. dd. J= 11,0 Hz, 6,5 Hz) attribuable au proton au pied du groupement hydroxyle en position 3 d'un squelette de type triterpénique.

L'analyse du spectre de masse montre des fragments à m/z 248 et m/z 208 résultant de la rupture Rétro –Diels Alder montre que SB2 porte un groupement carboxylique en position 28

L 'analyse du spectre de RMN ^{13}Cdécouplé fait ressortir trente atomes de carbones dont sept groupements méthyles à $δ_C$ (ppm) 15,05; 15,96; 16,80; 23,32; 23,32; 28,1; 30,34 ; dix méthylènes $δ_C$ (ppm) 23,32; 23,33; 28,17; 32,74; 32,77; 32,78; 32,79; 36,56; 45,41; cinq méthynes à $δ_C$ (ppm) 39,77; 40,05; 54,76; 76,78 (attribuable à un carbone portant un atome d'oxygène); 121,47 (attribuable au carbone d'une double liaison) ; huit carbones quaternaires à $δ_C$ (ppm) 32,70;38,33; 38.94; 39,77; 40,76; 47,04; 143,78 (attribuable au carbone sp^2 d'une double liaison) et 178.49 (correspondant au carbonyle d'un acide carboxylique) (tableau 13). Les déplacements chimiques des carbones de la double liaison à $δ_C$ 121,47 et 143,78 confirment que le squelette de SB2 est de type oleanene –12. Ces déplacements chimiques sont influencés par la fonction carboxylique présente. SB2 serait alors un terpenoide de oleanene –12 portant une fonction acide en position 17.

L'ensemble de toutes ces données et le point de fusion comparée à celles décrites dans la littérature nous a permis d'attribuer à SB2 la structure **81** de l'acide oleanolique isolé par (Maillard.*et al.*, 1992).

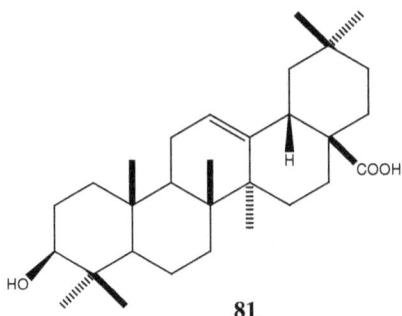

81

Tableau 12: Données spectrales RMN ^{13}C de SB2 dans le DMSO

N° carbones	Acide Oleanolique dans le DMSO
01	32,7
02	28,1
03	76,7
04	39,7
05	54,7
06	23.3
07	23,3
08	40,7
09	40,0
10	38,3
11	36,5
12	121,4
13	143,7
14	38.9
15	32,7
16	45,4
17	47,0
18	39,7
19	45,4
20	32,7
21	32,7
22	32,7
23	23,3
24	23,3
25	15,0
26	15,9
27	16,8
28	178,4
29	28,1
30	30,3

II.2.3.2. Identification de SB3

SB3 cristallise sous forme de poudre blanche dans le mélange Hexane – Acétate d'éthyle. Il a une coloration violette quand il est révélé à l'acide sulfurique dilué et donne une coloration rouge intense qui vire au violet avec le réactif Liebermann –Buchard, ce qui nous fait penser que SB2 est un triterpenoide.

La différence observée avec SB2 est illustrée par le spectre de masse electrospray TOF en mode positif (MS-TOF) qui montre un ion pseudo moléculaire.[M+H]$^+$ à m/z =499,3772 correspondant à la formule brute $C_{32}H_{50}O_4$ renfermant 7 insaturations.

Cette masse égale à celle de SB2 augmenté de 43 u.m.a. ce qui suggère la présence d'un groupement acetyle.

En effet, son spectre de RMN ^1H est identique à celui de SB2 c'est à dire à δ_H (ppm) 0,70(3H, s); 0,80(3H, s); 0,81(3H, s) 0,85(3H, s); 0,90(3H, s); 0,95(3H, s); 1,10(3H, s); sept signaux intégrant chacun trois protons et correspondant sept méthyles angulaires apparaissant sous forme de singulet, un proton vinylique à δ_H (ppm) 5,25 (1H, t, 3,5Hz) attribuable à H-12, un proton oxymethyne à δ_H (ppm) 2,8 (1H, dd, 3,5; 4,5 Hz) attribué à H-18, un doublet de doublet à δ_H (ppm) 4,56 (1H, dd,J= 10,8; 6,4 Hz) attribuable au proton au pied du groupement hydroxyle en position 3 d'un squelette de type triterpénique en plus un methyl lié à un cabonyle à δ_H (ppm) 2,05 (3H, s) ,.

De même l'analyse du spectre de RMN ^{13}C complètement découplé fait ressortir trente atomes de carbones dont huit groupements méthyles à δ_C (ppm) 15,0; 15,8; 19,2; 23.0; 23,0; 28,0; 30,0; 30,0, dix methylènes δ_C (ppm) 23,0; 28,0; 32,0; 32,0; 32,0; 35,0; 36,0; 40,0; 44,0; 45,0; sept méthynes à δ_C (ppm) 46,0; 53,0; 58,6; 81,0(attribuable à un carbone portant un atome d'oxygène); 125,6 (attribuable au carbone d'une double liaison); huit carbones quaternaires à δ_C (ppm) 32,0;37,0; 37,0;41,0; 36,0; 49,8 149,6 (attribuable au carbone sp^2 d'une double liaison) , 178.49 correspondant respectivement au carbonyle d'un acide carboxylique et en plus à δ_C (ppm) 180,54 au carbonyle d'un ester (Tableau 14)

Des fragments à m/z 248 et m/z 250 résultant de la rupture Rétro–Diels Alder confirment les différentes fonctions obtenues c'est à dire un groupement carboxylique en position 28 et un acétyle sur le cycle A;. L'ensemble de toutes ces données comparée à celles décrites dans la littérature nous a permis d'attribuer à ce dérivé acétylé la structure **82** de l'acetate de l'acide oleanolique isolé par (Maillard,.et al., 1992).

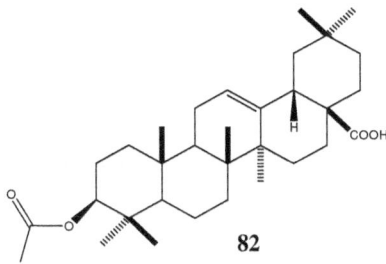

82

Tableau. 13: Données RMN ^{13}C de SB3 dans le CHCl₃

N° carbones	Acetate de l'Acide Oleanolique
01	32,0
02	28,0
03	81,0
04	37,0
05	58,6
06	23,0
07	35,0
08	41,0
09	53,0
10	37,0
11	36,0
12	125,6
13	149,6
14	36,0
15	32,0
16	45,0
17	49,8
18	46,0
19	44,0
20	32,0
21	40,0
22	32,0
23	23,0
24	23,0
25	15,0
26	15,8
27	19,2
28	184,7
29	28,0
30	30,0
31	180,5
32	30,0

II.2.4. LES STEROÏDES

Au cours de nos travaux, nous avons isolé et identifié quatre stérols

II.2.4.1. Identification CC4

CC4 cristallise dans l'hexane sous forme d'aiguilles blanches et fond entre [154-156°C]. Le test de Liebermann Buchard donne une coloration bleue, caractéristique des stérols. Après révélation à l'aide de l'acide sulfurique dilué à chaud sur une plaque de CCM, On observe une coloration violette, ce qui laisse penser à un phytostérol.

Sur les spectres de masse, on observe un ion moléculaire [M-H]$^+$ à m/z 413 compatible à la formule brute $C_{29}H_{48}O$ refermant six insaturations

Le spectre de RMN ^{1}H montre les signaux caractéristiques d'un phytostérol. En effet entre 1.03-0.68 ppm résonnent les protons caractéristiques de six groupements méthyles. Outre les méthyles angulaires à δ_H 1.03 et 1.01 trois d'entre eux résonnent sous forme de doublet à δ_H 0,70 (3H, d, J=7.2Hz); 0,93 (3H, d, J = 4,1Hz);0,86(3H, d, J = 4,2Hz) et l'un d'eux sous forme de triplet à 0.80 (3H, d, J= 4,6Hz) ce qui laisse la présence des groupements CH$_3$-CH$_2$- et CH$_3$-CH-. Le signal à δ_H 3,50(1H, m) est celui d'un proton géminé hydroxyle. A 5,29 on observe un doublet dédoublé attribuable à une double liaison trisubtitué et à δ_H 5,14 et 5,02 deux protons vinyliques apparaissant chacun sous forme de doublet dédoublé.

Sur le spectre de RMN ^{13}C complètement substitué découplé et ATP, on dénombre 29 carbones qui confirment les données du spectre de RMN^{1}H.

En effet: à

- Entre.11,8 à 33,9 on observe les signaux de groupements méthyles
- A δ_C (ppm) 71,7, un carbone de type CH-O-R
- A δ_C (ppm) 121,6; 129,2; 138,2, 140,7 quatre signaux de carbone de deux double liaisons. (Tableau 15)

L'ensemble de toutes ces données comparées à celles de la littérature (Gaspar, et al., 1996) montre que CC4 est le stigmastérol de structure **83**

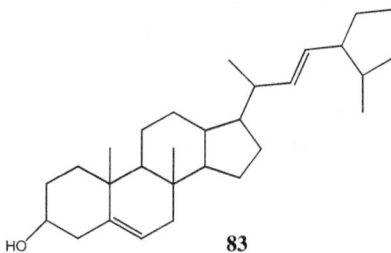

83

Tableau 14: Données spectrales RMN ^{13}C de CC4

position	Stigmasterol
01	29,6
02	31,8
03	71,7
04	40,4
05	140,7
06	121,6
07	39,6
08	42,28
09	55,9
10	36,4
11	24,3
12	28,8
13	42,1
14	56,7
15	28,1
16	29,1
17	56,0
18	42,2
19	129,2
20	138,2
21	51,1
22	26,0
23	11,8
24	31,8
25	18,9
26	19,7
27	18,9
28	21,1
29	33,9

II.2.4.2. Identification de CC5

CC5 cristallise sous forme de poudre blanche dans le Methanol et fond entre [296-298°C]. Sa révélation avec l'acide sulfurique dilué montre en CCM une coloration violette mais il est plus polaire que CC4.

Cette différence est illustrée par le spectre de masse qui montre un ion [M +Na]$^+$ a m/z 597 correspondant à la formule brute $C_{35}H_{58}O_6$; cette masse, égale à celle de CC4 augmenté de 162 u.m.a. suggère la présence d'un sucre dans CC5.

L'unité osidique est caractérisée sur le spectre de RMN ^{1}H de CC5 par la présence d'un signal à δ_H 4,21(1H, d, J =10,1Hz), typique du proton anomerique des β-glucoses. Ce β-glucose est également visible sur le spectre de RMN ^{13}C complètement découplé par les signaux à δ_C (ppm) 100,7 (C-1'); 76,9 (C-2'); 76,7 (C-3'); 73,4 (C-4'); 70,1 (C-5'); 61,1(C-6').(tableau 16) En comparant ces données avec celle de la littérature (Sawar, *et al.*, 1996) le sucre a été identifié au D- glucose et l'aglycone au stigmastérol. CC5 a donc la structure **84** qui est celle de stigmastérol-3-O-β-D-glucopyranose

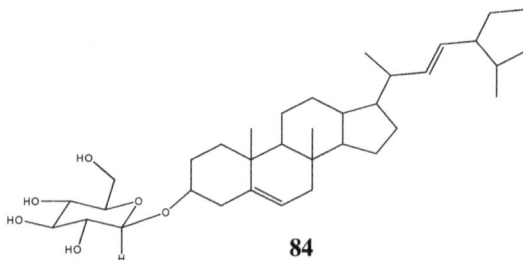

84

II.2.4.3. Identification de CC6

CC6 cristallise sous forme de poudre blanche dans le Méthanol et fond entre [202-204°C].Sa révélation avec l'acide sulfurique dilué montre en CCM une coloration violette.

Le spectre de masse montre un ion [M -H]$^-$ a m/z 558 correspondant à la formule brute $C_{34}H_{54}O_6$; Cette masse, égale à celle de CC5 diminuée de 16 u.m.a. suggère la présence supplémentaire d'une double liaison et d'un méthylène dans CC6.

En effet entre 1,25-0,66 ppm résonnent les protons caractéristiques de six groupements méthyles. Outre les méthyles angulaires à δ_H 1,25 et 0,98, quatre d'entre eux résonnent sous

forme de doublet à δ_H 0.66 (3H, d, J= 6,6Hz); 0,87 (3H, d, J = 7,2 Hz); 0,90 (3H, d, J =7.3Hz). Ce qui laisse présager l'absence d'un méthyle terminal. Le signal à δ_H 3,96(1H, m) est celui d'un proton géminé hydroxyle. A 5,06 (1H, d, J = 11,5Hz) et à 5,01(1H, d, J= 12,0Hz). On observe un système AB de un proton chacun attribuable à deux doubles liaisons conjuguées et à δ_H 5,23 deux protons vinyliques apparaissant chacun sous forme de doublet dédoublé.

Sur le spectre de RMN ^{13}C complètement substitué découplé et ATP, on dénombre 34 carbones qui confirment les données du spectre de RMN [1]H.
En effet: à

- Entre.18,9 à 24,2 on observe les signaux de groupements méthyles

- A δ_C (ppm) 76,2 un carbone de type CH-O-R

- A δ_C 122,7; 134,8; 135,8; 140,6; 150,3, 150,3, cinq signaux de carbone de deux double liaisons. L'unité osidique est caractérisée sur le spectre de RMN ^{1}H de CC6 par la présence d'un signal à δ_H 4,54 (1H, d, J=11,5Hz), typique du proton anomerique des β-pyranose. Ce β-galactose est également visible sur le spectre de RMN ^{13}C complètement découplé par les signaux à δ_C100,2 (C-1'); 79,5 (C-2'); 77,9 (C-3'); 71,4 (C-4');75,0 (C-5'); 62,5 (C-6').(tableau 16)

L'hydrolyse acide a permis d'identifier le sucre au D- galactose en comparaison par CCM avec un échantillon du laboratoire et l'aglycone au ergostérol. En comparant ces données avec celle de la littérature CC6 a donc la structure **85** qui est celle de ergostérol- 3-O-β-D-Galactopyranose (Sell, *et al* 1938)

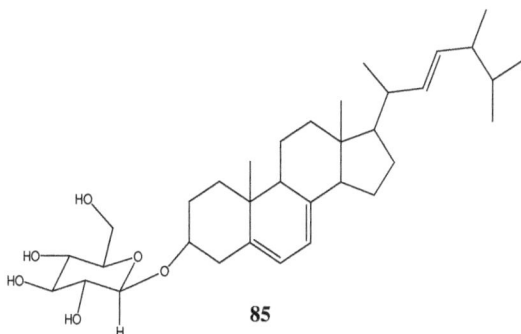

85

Tableau 15: Données spectrales RMN ^{13}C de CC5 et CC6

N° carbones	Glucoside de Stigmastérol dans le DMSO-d_6	Ergostérol-3-O-β-DGalactopyranose dans la pyridine
01	31,4	31,8
02	31,3	31,7
03	76,3	76,2
04	39,9	39,5
05	140,4	150,3
06	121,1	122,7
07	40,5	140,6
08	40,1	150,3
09	55,3	45,7
10	38,3	39,6
11	23,8	26,1
12	29,2	37,2
13	45,1	42,2
14	56,2	55,9
15	29,2	29,9
16	31,3	29,2
17	55,4	56,6
18	41,7	39,0
19	128,8	135,8
20	138,5	134,8
21	50,5	50,0
22	28,7	36,1
23	12,1	21,1
24	36,2	21,0
25	20,5	18,9
26	20,9	19,7
27	20,5	19,1
28	21,0	24,2
29	24,8	
01´	100,7	102,2
02´	76,9	79,5
03´	76,7	77,9
04´	73,4	71.4
05´	70,1	75,0
06´	61,1	62,5

II.2.5. LES ACETOGENINES

II.2.5.1. Identification de SB1

SB1 est obtenue sous forme de poudre blanche. Il a une formule brute $C_{28}H_{58}O$ déduite du spectre de masse par impact électronique EIMS $[M]^+$ m/z =410

Le spectre RMN ^1H de SB1 montre des signaux à δ (ppm) 4,02 (2H. t. J = 6,7 Hz); 2,01 (2H. t. J = 6,5 Hz); 1,23 (52H. s. $(CH_2)_{26}$); 0,89 (3H. t. 6,2 Hz) indiquant la présence d'une longe chaîne aliphatique possédant une fonction alcool. L'analyse du spectre RMN ^{13}C découplé fait ressortir 28 atomes de carbones dont un méthyle à δ_C (ppm) 14,14; vingt sept méthylènes montrant entre autre une longue chaîne carbonée possédant vingt carbones à δ_C (ppm) 29,71 et d'autres méthylènes à δ_C (ppm) 22,7; 25,7; 29,3; 29,44; 29,6; 31,9 et 32,8; un oxyméthylene à δ_C (ppm) 63,1.(Tableau 17)

Sur le spectre de masse en impact électronique on observe le fragment à m/z = 392 $[(C_{28}H_{56}]^+$ résulte de la perte d'une molécule H_2O et le fragment à m/z = 364 $[C_{26}H_{52}]^+$ provient de la perte d'une molécule H_2O suivie de la perte d'une molécule $CH_2=CH_2$. En plus le fragment à m/z=336 $[C_{24}H_{48}]^+$ confirme la structure **86** qui est celle de Octacosan-1-ol décrite pour la première fois dans la littérature par (Piatak & Reimann., 1970)

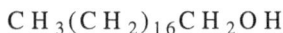

$$CH_3(CH_2)_{16}CH_2OH$$

86

Tableau 16: Données spectrales RMN ^{13}C Octacosan-1-ol dans le CDCl$_3$

N° carbones	Octacosan-1-ol dans le CDCl$_3$
01	63,1
02	32,8
03	25,7
04	29,3
05	29,6
08	29,6
09-19	29,4
20	29,7
21	29,3
22	29,7
23	29,7
24	31,9
25	29,7
26	31,9
27	22,7
28	14,1

II.2.5.2. Caractérisation de SB5

SB5 cristallise dans le mélange hexane-acétate sous forme de poudre blanche. Il est soluble dans méthanol á chaud.

L'analyse du spectre de masse à haute résolution electrospray-TOF en mode positif (SMHR- TOF) (Fig 44) l'ion pseudomoleculaire [M+H]$^+$ à m/z = 453.7821 qui correspond à la formule brute $C_{27}H_{48}O_5$

Son spectre RMN ^{1}H (Fig 45) montre des signaux à δ_H (ppm) 4,63 (ddd. J=11,2. 4,3. 6,5 Hz); 4,35 (d. J =10,8 Hz) et 4.28 (ddd. J=10,8. 9,4. 4,3 Hz) attribué trois protons oxymethynes respectivement H-1β, H-4α, au H-5β; deux protons hydroxymethylene à δ_H (ppm) 4,50 (dd. J= 4,6. 8,0 Hz, H-7a) et à 4,45 (dd. J = 4.6, 8,0Hz, H-7b), un proton vinylic à δ_H (ppm) 5,46 (d. J = 6,5 Hz, H-2), deux protons de méthylène à δ_H (ppm) 2,25 (ddd. J=14,2. 11,2. 9,8 Hz. H-6α) et δ_H 2,18 (ddd. J=14,2. 4,3. 6,5 Hz. H-6β), deux methoxyl à δ_H 3,5ppm.(Tableau 18).

Cette hypothèse a été confirmée par l'analyse du spectre RMN ^{13}C Jmod (Fig 46) et HSQC (Fig 47) indique trois carbones oxymethine δ_C (ppm) 77,2 (C-4), 73,5(C-1) et 73,0 (C-5), un méthylène à δ_C (ppm) 36,1 (C-6), un carbone quaternaire de sp^2 à δ_C (ppm) 136,4 (C-3), un methine de sp^2 à δ_C (ppm) 123,5 (C-2), un hydroxymethylene à δ_C (ppm) 62,4 (C-7) et deux methoxyl δ_C (ppm) 53,4 (OMc-4) et 50.1 ppm (OMe-5) (Tableau 18). Les positions des groupements methoxyl ont été déterminées par des corrélations de HMBC (Fig. 48) entre OMe-4 (δ_C 53,4)//H-4α et OMe-5 (δ_C 50.1)/H-5β. Ces données montrent que SB5 ressemble aux dérivés acides shikimiques (Bohlman & Zdero., 1982; Bohlman, et al., 1984, 1985; Torres, et al., 2000).

En plus, le spectre RMN ^{1}H montre des signaux correspondant à deux methylenes à δ_H (ppm) 2.30 et 1.98 (2H. dd J = 14.2. 3.6 Hz. H-2'), à δ_H 1.75 (dt, J = 3.6. 6.6 Hz, H-5'), deux protons vinylic à δ_H (ppm) 5.50 (dt, J = 11.4. 3.6. 3.3 Hz, H-3' et H-4'), un méthyle à δ_H (ppm) 0.91 (t, J = 6.8 Hz) et une longue chaîne méthylène aliphatique à δ_H (ppm) 1.30 ((CH$_2$)$_{14}$). (Tableau 18).

Cette hypothèse a été confirmée par le spectre RMN ^{13}C Jmod et HSQC (Fig 47) qui montre un carbonylique à δ_C (ppm) 175.9 (C-1'), deux methyne de sp^2 à δ_C 131.3 et 131.2

ppm, un méthyle à δ_C (ppm) 14.81 (C-18), trois méthylène sp^3 à δ_C 34.3. 26.3 et 30.3 ppm (Tableau 18).

A ce stade, la présence dans le spectre de masse d'un fragment de forte intensité m/z =282 ($C_{18}H_{34}O_2$) résulte de la perte d'une longue chaîne aliphatique d'acide gras. Ceci a été confirmé par l'élimination d'une chaîne latérale d'ester pendant la réaction de saponification.

Celle-ci a permis de placer l'acide C-18 en position 3 à cause le position allylique privilégié. Le spectre COSY (Fig. 49) a permis d'attribuer les différents systèmes de protons de SB5.

Les postions des protons et la longue chaîne aliphatique d'ester ont été faite en analysant le spectre HMBC entre C-1(δ_C 73.5)//H-2, C-1/H-5β, C-2(δ_C 123.5)///H-4α, C-2(δ_C 123.5)//H-7a, C-2(δ_C 123.5)///H-7b, C-2 (δ_C 123.5)/H-6α, C-2 (δ_C 123.5)/H-6β, C-3 /H1β, C-3/H-5b, C-4/H-7a, C-4(δ_C 77.2)//H-7b, C-4(δ_C 77.2/H-2, C-4 (δ_C 77.2/H-6α, C-4 (δ_C 77.2/H-6β, C-5/H-1β, C-1'/H1β, C-1'/H-3'.

Les corrélations observées sur le spectre NOESY (Fig 50) entre H-1 (δ_H 4.63)/H-5 (δ_H d 4.35) et la constante de couplage trouvée entre H-1 /H-5 montre que H-1 et H-5 sont proches dans l'espace.. Toutes ces données ont permis de donner à SB4 le nom de (3'E)-(1α)-3-hydroxymethyl-4β,5α-dimethoxycyclohex-2-enyloctadec-3'-enoate **87**.

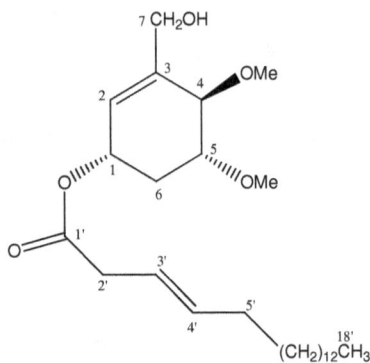

87

Tableau. 17: Données spectrales RMN^{1}H et ^{13}C de SB5 dans le DMSO

N° carbones		δ_H (J= Hz)	δ_C	HMBC
1	H-1β	4,63 (ddd, 11,2, 4,3, 6,5)	73,5	H-5β; H-2
2	H-2	5,46 (d, 6,5)	123,5	H-4α; H-7a; H-7b; H-6α,
3			136,4	H-1β; H-5β
4	H-4α	4,35 (d, 10,8)	77,2	H-2; H-6α; H-6β; H-7a; H-7b
5	H-5β	4,28 (ddd, 10,8, 11,0, 4,3)	73,0	H-1β
6	H-6α	2,25 (ddd, 14,2, 11,2, 11,0)	36,1	H-4α; H-2
	H-6β	2,18 (ddd, 14,2, 4,3, 6,5)		
7	7a	4,50 (dd, 4,6, 8,0)	62,4	H-4α; H-2
	7b	4,45 (dd, 4,6, 8,0)		
CH$_3$O-4		3,5 (s)	53, 4	H-4α
CH$_3$O-5		3,5(s)	50,1	H-5β
OCOR	1'		175,9	H-3'; H-1β
	2'	2,3 (dd, 14,2, 3,6)	34,3	
		1,98 (dd, 14,2, 3,6)		
	3'	5,50 (dt, 11,4, 3,6)	131,3	H-5'
	4'	5,50(dt, 11,4, 3,6)	131,2	H-2'a; H-2'b
	5'	1,75 (dt, 3,6, 6,6)	26,3	
		1,75(dt, 3,6, 6,6)		
	6'-17'	1,30	30,3	
	18'	0,91 (t, 6.8)	14,8	

II.2.5.2.1. Hydrolyse de la (3'E)-(1α)-3-hydroxymethyl-4β,5α-dimethoxycyclohex-2-enyloctadec-3'-enoate

L'hydrolyse basique à reflux dans le KOH de (3'E)-(1α)-3-hydroxymethyl-4β,5α-dimethoxycyclohex-2-enyloctadec-3'-enoate **87** après une chromatographie préparative a fourni l'acide octadec-3-enoique. Cette réaction a permis d'identifier la longue chaîne latérale d'ester de SB5. Les caractéristiques spectroscopiques ont montré que ce composé est identique au produit naturel connu dans la littérature (Gunstone., 1977).

Tableau 18: Données spectrales de RMN ^{13}C de l'acide octadec-3-enoique

N° carbones	Octadec-3-enoique dans le CDCl$_3$
01	181,1
02	38,8
03	120,4
04	133,2
05-15	29,3
16	31,8
17	21,6
18	14,7

II.2.5.3. Identification CC7

Ce composé est isolé sous forme de cristaux blancs. Il cristallise dans le méthanol et est soluble dans le méthanol à chaud et dans l'eau. Son pont de fusion est 184-186 $[\alpha]_D$ +65.8 (H_2O). Le test avec le réactif de Molish est positif.

Sur son spectre de masse en impact électronique mode TOF (Fig.51) montre $[2M+H]^+$ à m/z = 685,2465 et $[M+H]^+$ à m/z = 343,1247 correspondant à la formule brute $C_{12}H_{22}O_{11}$ qui serait la masse du sucrose. Ce qui suggère la présence d'un hexose et d'un fructose. Ceci est confirmé par l'analyse des spectres RMN ^{1}H. (Fig 52) et RMN ^{13}C (Fig 53)

En effet, Le spectre RMN ^{1}H (Fig. 52) de CC7 montre la présence doublet caractéristique à δ (ppm) 5,1 (1H, d, J = 8.6 Hz) attribué au proton anomère du β-glucose , un système AB de deux protons oxymethylènes diatéréotopiques à δ (ppm) 3,60 (1H , d, J= 6,8 Hz); 3,45 (1H, d, J=6,8 Hz) et quatre autres protons oxymethylènes diatéréotopiques à δ (ppm) et 3,35 (2H, d, J=12,8 Hz); 3,35 (dd; J= 4,3; 12,8 Hz) 3,45 (1H, dd, J =4,3; 12,8 Hz) (Tableau 20)

Le spectre RMN ^{13}C (Jmod) (Fig 53) associé au spectre HSQC (Fig.54) montre CC7 a vingt deux atomes de carbones. Il présente entre autre un carbone quaternaire à 104,1 ppm attribuable à C - 2'; un carbone anomère à 91,8 ppm attribuables à C-1, trois carbones oxymethylènes à 60,6; 62,0 et 62,2 ppm dûs respectivement à C-1'; C-6'; C-6. On observe également des signaux à 69,9; 71,7; 72,9; 72,9; 74,4; 77,3; 82, 63 ppm attribuables à sept carbones oxymethines (Tableau 20)

Les spectres 2D HMBC (Fig 55); COSY (Fig 56); NOESY (Fig 57) ont permis d'attribuer tous les signaux ambigus.

L'étude comparée de toutes ces données avec celle de la littérature montre CC7 est le sucrose (6-O-β-fructofuranosyl β-D-glucopyranose) **88** (Suau, et al., 1991; Tchinda, et al., 2003)

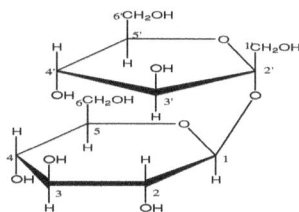

88

Tableau 19: Données spectrales RMN^{1}H et RMN ^{13}C de CC7 dans le DMSO

Position	δ_H(J en Hz)	δc
01	5,2 (d, 8,6)	91,8
02	3,75 (t, 12,8)	74,4
03	3,15 (d, 8,6)	71,7
04	3,10 (dd, 8,7, 12,8)	70,0
05	3,90	72,9
06	3,60 (d, 6,8)	60,6
	3,45 (d, 6,8)	
01´	3,35 (dd, 4,3, 12,8)	62,2
	3,45 (dd, 4,3,12,8)	
02´		104,1
03´	3,85 (t, 12,8)	77,3
04´	3,65 (dd, 4,3, 8,6)	72,9
05`	3,53	82,6
06`	3,55(d, 12,8)	62,0
	3,55 (d, 12,8)	

II.2.6.ACTIVITES PHARMACOLOGIQUES DES COMPOSES PURS

Les extraits aqueux et méthanolique de *Crepis cameroonica* ont été soumis à des tests d'activités biologiques pour confirmer l'usage de cette plante dans la pharmacopée locale d'une part et rechercher de nouvelles molécules susceptibles d'en être responsables.

II.2.6.1. Evaluation de l'activité antibactérienne In vitro (Agar- steak dilution)

II.2.6.1.1.Méthode utulisée.

La plante entière de *Crepis cameroonica* a été successivement extraite à température ambiante. Une partie de l'extrait à l'eau et la seconde au méthanol. Les extraits obtenus ont été concentrés à sec et soumis aux tests antimicrobiens. Les extraits aqueux, méthanolique et les composés purs ont été testés sur les souches de micro-organismes suivants *S aureus* ATCC 13709, *E. coli* ATCC25922, *E coli* ATCC 35218, *P. aeruginosa* ATCC 27853, *C albicans* 10231, *K pneumoniae* ATCC 10031 fournies par le Muséum National d'Histoire Naturelle de Paris. La méthode utilisée est celle de diffusion suivant Mueller Hinton agar (DIFCO) (Mitsher *et al.*, 1976) et des disques. Les milieux de culture sont inoculés puis déposés au centre des disques et ensuite chaque échantillon (1 mgmL^{-1}) a été déposé sur les disques et les disques ont été imbibés de 20 µl de solution de DMSO et laissés s'évaporer à la température ambiante. La solution de Streptomycine SO$_4$ (20 µl de la solution 1mgmL^{-1}) a été employée comme solution standard. Les plaques contenant des micro-organismes ont été incubés à 37° dans l'obscurité et examiné après 18h et 48 h. Le diamètre de la zone d'inhibition autour de chaque disque a été mesuré et enregistré à la fin de la période d'incubation

II.2.6.1.2. Résultats et Discussions.

L'évaluation de l'activité antibactérienne des extraits methanolique et aqueux de *Crepis cameroonica* ont été réalisé par la méthode de diffusion << Agar- steak dilution>> (DIFCO). Les résultats sont consignés dans le tableau 22 ci – dessous.

Tableau 20: Activité antibactérienne in vitro (Agar- steak dilution) des extraits aqueux, méthanolique et des composés purs de *C. cameroonica*

Extraits	Zone inhibition (mm)					
	a	b	c	d	e	f
Extrait aqueux	100	100	100	-	-	-
Extrait méthanolique	400	400	400	-	-	-
3ß, 9ß-dihydroxyguaian-4(15),10(14),11(13)-trien-6,12 –olide **72**	9	11	5	-	-	-
8α-hydroxy-4α(13),11β(15)-tétrahydrozaluzanin C **75**	5	16	13	-	-	-
3ß,8α-dihydroxyguaian-4(15),10(14),11(13)-trien-6,12 –olide **10**	16	10	9	-	-	-
Streptomycin SO$_4$	6	3	2.5	-	-	-

- = activité non détectable Les micro-organismes utilisés sont

a. *Staphylococcus aureus* ATCC 13709; **b.** *Escherichia coli* ATCC 25922; **c.** *Escherichia coli* ATCC 35218; **d.** *Pseudomonas aeruginosa* ATCC 27853; **e.** *Candida albicans* ATCC 10231; **f.** *Klebsiella pneumoniae* ATCC 10031.

Une l'évaluation antibactérienne sur les trois souches de bacteries ou champignons *Pseudomonas aerugnosa* ATCC 27853, *Candida albicans* ATCC 10231, n'a montré aucune sensibilité sur les deux extraits par contre le même test éffectué sur trois autres souches à savoir a. *Staphylococcus aureus* ATCC 13709; b. *Escherichia coli* ATCC 25922; c. *Escherichia coli* ATCC 35218 montre une activité considérable de l'extrait méthanolique et sensible de l'extrait aqueux. De même l'évaluation pharmacologique sur les trois souches *Pseudomonas aerugnosa* ATCC 27853, *Candida albicans* ATCC 10231, *Klebsiella pneumoniae* ATCC 10031 n'a montré aucune sensibilité sur les composés **10**, **72**, **75** par contre le même test é effectué sur les trois souches *Staphylococcus aureus* ATCC 13709, *Escherichia coli* ATCC 25922, *Escherichia coli* ATCC 35218, a montré une activité considérable sur les composés **10, 72, 75.**

II.2.6.2. Evaluation de l'activité antifongique in vitro

II.2.6.2.1 Méthode utilisée

Nous avons utilisé les extraits aqueux et methanolique obtenus à partir de l'extraction de la plante entière de *Crepis cameroonica*. Ces extraits ont été soumis aux tests antifongiques. Les milieux de culture fongiques sont inoculés sur les disques puis déposés au centre de chaque disque de pétri. Les plaques contenant des micro-organismes ont été incubées à 25° dans l'obscurité et examiné après 18h et 48h Les extraits aqueux, méthanolique et les composés purs ont été testés sur les souches de micro-organismes. *Candida albicans* ATCC 10231; *Fusarium solani*; *Aspergilus flavis*; *candida glutamate* fournies par le Muséum National d'Histoire Naturelle de Paris. Les tests antifongiques ont été réalisés par la méthode de diffusion sur gélose. Le diamètre de la zone d'inhibition autour de chaque disque a été mesuré et enregistré à la fin de la période d'incubation

II.2.6.2.2 Résultats et Discussions

L'évaluation de l'activité antifongique des extraits methanolique et aqueux de *Crepis cameroonica* a été réalisée par à la méthode de diffusion sur gélose placée en tube. Les résultats sont consignés dans le tableau 23

Tableau 21 Activité antifongique des extraits aqueux, methanolique et de composés purs de *C. cameroonica*

Extrait	Pourcentage d'inhibition			
	a	b	c	d
Extrait aqueux	4	6	-	4
Extrait méthanolique	7	8	-	7
3ß,9ß-dihydroxyguaian-4(15),10(14),11(13)-trien- 6,12 –olide **72**	11	8	-	13
8α-hydroxy-4α (13),11β (15)-tétrahydrozaluzanin C **75**	4	6	-	5
3ß,8α-dihydroxyguaian-4(15),10(14),11(13)-trien- 6,12 –olide **10**	9	8	-	11
Clotrimazole	10	11	-	15,
Amphotericin B	-	-	16,5	-

- = activité non détectable

a. Candida albicans ATCC 10231; **b**. *Fusarium solani* **c**. *Aspergilus flavis* **d**. *candida* *glutamate.*

Le tableau 23 montre que les extraits methanolique et aqueux réagissent considérablemen sur *Candida albican; candida glutamate; Fusarium solani* et pas du tout sur *Aspergilus flavis*. et que les composés **.10**, **72** montrent une activité considérable sur *Candida, albicans candida glutamate*, *Fusarium solani* alors que le composé **75** possède une faible activité sur ces trois souches de champignons. En plus les composés **.10**, **72**, **75** ne montrent aucune activité sur *Aspergilus flavis*.

Conclusion: Les résultats de ces différents tests nous ont permis de comprendre que la plante est riche en composés bioactifs

CONCLUSION GENERALE

Au début de nos travaux, nous avions comme objectifs de caractériser les antibactériens isolés des Astéracées de haute altitude plus précisément sur les flancs de montagne volcanique. C'est ainsi que nous avons focalisé nos recherches sur l'étude de deux plantes médicinales Camerounaises *Crepis cameroonica* et *Senecio burtonii*. Ces travaux ont conduits à l'isolement et à la caractérisation de quatorze composés. L'élucidation des structures de ces composés a été faite grâce aux techniques spectroscopiques usuelles (UV, IR, SM, RMN, ^{1}H et ^{13}C), aux techniques modernes de RMN à deux dimensions telles que COSY, NOESY, HMQC, HMBC, ainsi que certaines réactions telles que l'acétylation et l'hydrolyse basique.

Les composés isolés de ces deux plantes ont été groupés en plusieurs classes structurales, les terpenoïdes, les sequiterpenoïdes, les diterpenoïdes et le steroïdes et les shikimates. Quatre de ces composés sont décrits pour la première fois dans la littérature à savoir la de 3β, 9β-dihydroxyguaian-4(15),10(14),11(13)-trien- 6, 12-olide et la 8α-hydroxy-4α (13), 11β(15)-tetrahydrozaluzanin C deux guaianolides du genre *Crepis cameroonica*, La (4α-[2'-hydroxymethylacryloxy]- 1β-hydroxy- 14(5-6) abeo eremophilan-12, 8 olide, une cacalolide de *Senecio burtonii*, la (3'E-(1α)-3-hydroxymethyl-(4β,5α)dimethoxucycohex-2-enyloctadec-3'-enoate qui est un acide shikimique

Les tests pharmacologiques effectués sur les extraits bruts et sur certains composés purs ont confirmé l'utilisation de ces plantes comme antifongiques et antibactériens par les populations locales. Nous pouvons donc affirmer que le but que nous nous sommes fixé au début a été atteint vu les résultats obtenus Pour continuer à apporter une contribution beaucoup plus large dans la pharmacopée traditionnelle et moderne, nous nous proposons d'étendre nos recherches sur les Astéracées de haute altitude à montagne volcanique majoritairement riches en sesquiterpenoïdes et en diterpenoïdes dans le but de valoriser d'avantage l'utilisation de ces plantes.

CHAPITRE III

PARTIE EXPERIMENTALE

III.1. APPAREILLAGE

III.1.1 Balance

La balance de type Sartorius (type 1265001) est utilisée pour peser les fractions et les composés purs Point de fusion

III.1.2. Point de fusion

L'appareil utilisé est le banc électrothermique appelé banc de Kofler de type (Klagner Emumz)

III.1.3. Pouvoir rotatoire

Le polarimètre de type Polax-2L est utilisé pour mesurer les pouvoirs rotatoires à température ambiante.

III.1.4. Spectre Ultra-violet (UV)

Les données en UV sont obtenues à l'aide d'un spectrophotomètre de type Shimadzu-265 et les tâches sont visualisées à l'aide d'une lampe UV ou du melange MeOH – H_2SO_4 comme reactifs.

III.1.5. Spectre Infra-rouge (IR)

Les absorptions observées en IR sont obtenues à l'aide d'un spectrophotomètre de type Perkin–Elmer 727B ou Nicolet 7199Ft en utilisant les disques de KBr.

III.1.6. Spectres de Masse (MS)

Les spectres de masse en impact électronique (IE), ionisation chimique sont enregistrées sur un spectromètre de type MAT 8200 alors que les spectres de masse electrospray –TOF (HRESI-TOF) et (ESI-TOF-MS) sont enregistrées sur un spectromètre de type API QSTAR.

III.1.7. Spectre de Résonance Magnétique Nucléaire (RMN)

Les spectres RMN ont été enregistrés sur un appareil Bruker et sur un spectrophotomètre standard de type WH-360. De même les spectres de corrélation homonucléiare COSY, NOESY et les expériences hétéronucléaires HSQC, HMBC ont été enregistrés sur un appareil Bruker et sur un spectrophotomètre standard de type WH-360.

III.1.8. METHODES CHROMATOGRAPHIQUES

III.1.8.1. Chromatographie sur Colonne

Pour le fractionnement grossier des extraits la phase stationnaire est la silice 60 granulométrie variée 63-200μm et de fabrication MERCK. Les dimensions des colonnes ont été choisies en fonction de la quantité de soluté à séparer.

L'élution a été par un gradient du système hexane /AcOEt. Les fractions sont collectées et rassemblées sur la base de la CCM.

III.1.8.2. Chromatographie sur Couche Mince

La chromatographie sur couche mince a été réalisée à l'aide de deux types de plaques, une de fabrication locale réalisée sur les plaques de silice 230 – 400 Mesh verre de dimension 5 x 20 cm ou 10 x 20cm), une autre préfabriquée (feuille en aluminium (plaque 60 F_{254}). 3 à 4 migrations ont été réalisées selon la complexité du mélange dans un système Hex/AcOEt.

Les révélations utilisées pour mettre en évidence les composés ont été les suivants : La lampe UV (254 ou 365nm), des vapeurs d'iode ou l'acide sulfurique dilué (50%) ou une solution d'acide sulfurique dilué (50%) après chauffage.

III.2.. MATERIEL VEGETAL.

Les plantes entières de Crepis cameroonica et Senecio burtonii ont été recoltées à Limbe respectivement en 2003 et 2005 dans la province du Sud – Ouest (Cameroun)

L'identification de ces deux espèces a été faite par Mr Ndive Elias, botaniste au Jardin Botanique de Limbe.

III.2.1. CHROMATOGRAMME DES COMPOSES ISOLES

III.2.1.1. CHROMATOGRAMME DES COMPOSES ISOLES DE *CREPIS CAMEROONICA*

La plante entière de *Crepis cameroonica* a été finement découpée, séchée puis broyée pour donner une poudre de 500 mg. Celle çi est soumise à une macération successive au méthanol pendant 72 heures chaque fois avec filtration et renouvellement du solvant après chaque 24 heure. Après évaporation sous pression réduite, l'extrait organique obtenu a été séparé et purifié par diverses méthodes chromatographiques (chromatographie sur colonne, sur couche mince, preparative etc) en utilisant comme éluent hexane suivies du melange hexane/acétate d'éthyle de polarité croissante enfin le melange acétate d'éthyle / métanol de polarité croissante. Les fractions de 250 mL sont collectées et rassemblées sur la base de la CCM analytique (Tableau 23)

Tableau 22 Chromatogramme de **50 g** de l'extrait organique de *Crepis cameroonica.*

Eluent	Fractions	Masse	remarques
Hex pur	1-16	4.5 g	Mélange d'huile
Hex/AcOEt 95/5	17-40 (A)	3 g	Mélange de produits contenant CC1 et CC2 + une légère traînée
	41-60 (B)	0,5 g	une traînée de produits
	61-75 (C)	0,75 g	une traînée de produits
	76-92 (D)	1 g	Mélange de produits contenant CC3
Hex/AcOEt	93-115 (E)	3 g	Mélange de produits contenant CC4
Hex/AcOEt 85/15	116-125 (F)	6 g	une traînée de produits
Hex/AcOEt 80/20	126-145 (G)	4 g	Mélange de produits contenant CC5
Hex/AcOEt 75/25	146-170 (H)	2 g	une traînée de produits
Hex/AcOEt 70/30	171-195 (I)	5 g	Mélange de produits contenant CC6
Hex/AcOEt 50/50	196-200 (J)	2 g	Mélange de produits contenant CC7
AcOEt	201-211		Rien n'est observé en CCM

Purification des fractions

- Traitement de la fraction A

Après deux chromatographies sur colonne suivie d'une chromatographie sur préparative, nous avons obtenu deux produits CC1 (15 mg) et CC2 (10 mg) des cristaux blancs solubles respectivement dans le DMSO et dans le méthanol.

- Traitement de la fraction D

De cette fraction, après deux chromatographies sur colonne, nous avons obtenu CC3 (10 mg) poudre blanche soluble dans le méthanol à chaud.

- Traitement de la fraction E

De cette fraction nous avons obtenu CC4 (25 mg) cristaux solubles dans le chloroforme.

- Traitement de la fraction G

De cette fraction nous avons obtenu CC5 soluble dans le méthanol à chaud

- Traitement de la fraction I

De cette fraction nous avons isolé CC6 soluble dans le méthanol à chaud

- Traitement de la fraction J

Cette fraction a donné CC7 soluble dans le méthanol à chaud

III.2.1.2. CHROMATOGRAMME DES COMPOSES ISOLES DE *SENECIO BURTONII*

La poudre obtenue après séchage et broyage a été extraite à l'aide du MeOH, puis épuisé à acétate d'éthyle avant d'être soumit à la chromatographie. L'extrait ci-dessus obtenu, après concentration sous pression réduite et fixation au gel de silice a été assujetti à la chromatographie sous colonne.

Le système d'éluent utilisé a été l'hexane suvi du melange hexane/acétate d'éthyle de polarité croissante enfin le melange acétate d'éthyle / métanol de polarité croissante. Les fractions de 250 mL sont collectées et rassemblées sur la base de la CCM analytique (Tableau 24)

Tableau 23 Chromatogramme de l'extrait de *Senecio burtonii*

Eluant	Fractions	Masse	Remarques
Hex pur	1-16	4.5 g	Mélange d'huile
Hex/AcOEt 95/5	17-40 (A)	2,5 g	Mélange de produits contenant Sb1 et SB5 + une légère traînée
Hex/AcOEt 90/10	41-96 (B)	3 g	Mélange de produits contenant SB6
	97-118 (C)	6 g	une traînée de produits
Hex/AcOEt 75/25	119-147 (D)	1 g	Mélange de produits contenant SB4
Hex/AcOEt 80/20	148-182(E)	3 g	Mélange de produits contenant SB2 et SB3
Hex/AcOEt 50/50	183-213 (F)	2 g	une traînée de produits
AcOEt	213-245		Rien n'est observé en CCM

Purification des fractions.

-Traitement de la fraction A

Après deux chromatographies colonne sur gel de silice, nous avons obtenu deux produits SB1 (100 mg) et SB5 (10 mg) des cristaux solubles respectivement dans le chloroforme et dans le DMSO.

-Traitement de la fraction D

De cette fraction, après deux chromatographies sur colonne suivi d'une chromatographie sur preparative, nous avons obtenu SB4 (10 mg) des cristaux blancs soluble dans le méthanol

-Traitement de la fraction E

De cette fraction nous avons obtenu SB2 (30 mg) et SB3 (25mg) cristaux solubles dans le chloroforme.

-Traitement de la fraction B

De cette fraction nous avons obtenu SB6 (35 mg) des cristaux en forme de paillette soluble dans le chloroforme

III.3. PROTOCOLE DE REALISATION DES TESTS BIOLOGIQUES.

III.3.1. ACTIVITE ANTIMICROBIENNE

La poudre obtenue de la plante entière de *Crepis cameroonica* a été divíée en deux parties. Une partie a été extraite à l'eau et la seconde au méthanol. Les extraits obtenus ont été concentrés à sec et soumis aux tests antimicrobiens. Les extraits aqueux, méthanolique et les composés purs ont été testés sur les souches de micro organismes *S aureus* ATCC 13709, *E. coli* ATCC25922, *E coli* ATCC 35218, *P. aeruginosa* ATCC 27853, *C albicans* 10231, *K pneumoniae* ATCC 10031 fournies par le Museum National d'Histoire Naturelle de Paris. La methode utiliséee est celle de diffusion suivant Mueller Hinton agar (DIFCO) (Mitsher *et al.*, 1976) et des disques. Les milieux de culture sont inoculés puis deposés au centre des disques et ensuite chaque échantillon (1 mgmL^{-1}) a été deposé sur les disques et les disques ont été imbibés de 20 µl de solution de DMSO et laissés s'évaporer à la température ambiante. La solution de Streptomycine SO$_4$ (20 µl de la solution 1mgmL^{-1}) a été employée comme solution standard. Les plaques contenant des micro-organismes ont été incubés à 37° dans l'obscurité et examiné après 18h et 48 h. Le diamètre de la zone d'inhibition autour de chaque disque a été mesuré et enregistré à la fin de la période d'incubation.

III.3.2. ACTIVITE ANTIFONGIQUE

Nous avons utilisé les extraits aqueux et méthanoliques obtenus à l'extraction de la plante entière de *Crepis cameroonica*. Ces extraits ont été soumis aux tests antifongiques. Les milieux de culture fongiques sont inoculés sur les disques puis déposés au centre de chaque disque de pétri. Les plaques contenant des micro-organismes ont été incubées à 25° dans l'obscurité et examiné après 18h et 48h Les extraits aqueux, méthanolique et les composés purs ont été testés sur les souches de micro-organismes. *Candida albicans* ATCC 10231; *Fusarium solani*; *Aspergilus flavis*; *candida glutamate* fournies par le Muséum National d'Histoire Naturelle de Paris. Les tests antifongiques ont été réalisés par la méthode de diffusion sur gélose. Le diamètre de la zone d'inhibition autour de chaque disque a été mesuré et enregistré à la fin de la période d'incubation.

III.4. CARACTERISTIQUES PHYSICO–CHIMIQUES DES COMPOSES ISOLES

III.4.1.. LES SESQUITERPENOÏDES

III.4.1.1. CC1: 3ß, 9ß- dihydroxyguaian-4(15),10(14), 11(13)-trien- 6,12 –olide..

Cristaux blancs dans le mélange Hexane /Acétate d'éthyle PF: 220-222°C;

$[\alpha]_D^{31.2}$ =+ 15.90 (c 0,2 MeOH).

Formule brute $C_{15}H_{18}O_4$

Spectre RMN ^{1}H (400,13, CD$_3$OD) et ^{13}C (100,62 MHz, CD$_3$OD) Tableau 7

Specter de masse EIMS *m/z* (rel int): 262 [M]$^+$ (8); 244 (M-18, (15)); 226 (M-2x18, (15)); 216 (M-28-18, (21); 173 (40); 166(17); 128 (60); 119 (100); 91 (65); 57 (47); 41(61)

III.4.1.2. CC2: 3ß,8α- dihydroxyguaian-4(15),10(14), 11(13)-trien- 6,12 -olide.

PF: 150-152°C $[\alpha]_D^{31.2}$ =+ 109 (c 0,2 MeOH)

Formule brute $C_{15}H_{18}O_4$

Spectre RMN ^{1}H (400,13 MHz, DMSO) et ^{13}C (100.13 MHz DMSO) Tableau 8

Spectre de masse (SMIC)) [2M+Na$^+$]$^+$ m/z = 547,2; [M+Na]$^+$ m/z = 285,6

[M-H]$^-$ à m/z = 261.2

III.4.1.3. CC3: 8α-Hydroxy-4α(13), 11β(15)- tetrahydrozaluzanin

PF=214-217°C; $[\alpha]_D^{31.2}$ = - 40 (c 0,2 MeOH).

Formule brute $C_{15}H_{22}O_4$.

Spectre RMN ^{1}H (400,13 MHz, DMSO) et ^{13}C (100.13 MHz DMSO) Tableau 9

Spectre de masse (SM-TOF) [M+H]$^+$ (267.1); [M+Na]$^+$ (289.1); [2M+Na]$^+$ (555.1)

EIMS *m/z* (rel int) EIMS m/z (rel. int.) 266 [M]$^+$ (2); 248 (M-18,(4)); 230 (M-2x18, (3)); 204 (10); 193 (37); 168 (100); 107 (21); 95 (25); 81 (31);71 (40); 69 (35); 55(21); 41 (35).

III.4.1.4. SB4: 4α-[2'-hydroxymethylacryloxy]- 1ß-hydroxy-14-(5, 6) abeo eremophilan-12,8-olide

Cristaux blancs dans le mélange hexane /Acétate d'éthyle PF 185–187° C

(SMHR-TOF) [M-H]⁻ *m/z* 349.2035

Formule brute $C_{18}H_{36}O_2$

UV λ_{max} (MeOH) 263.5 nm

Spectre RMN ^{1}H (400,13MHz, DMSO) et RMN ^{13}C (Jmod) (100,62MHz, DMSO)Tableau 12

III.4.2. LES DITERPENOÏDES

III.4.2.1. SB6: Acide Kaur-16-en-19-oique

Cristaux blancs dans le mélange hexane /Acétate d'éthyle PF 178-180 °C.

$[\alpha]_D^{32,5}$ -105 (c 0,05 dans CHCl₃)

Formule brute $C_{20}H_{30}O_2$

IR $\nu(cm^{-1})$ 2931, 1692 (COOH); 1650, 900, 872 (une double liaison exo-methylène. Cyclique).

Spectre RMN ^{1}H (400,13 MHz, CD₃OD) et RMN ^{13}C (Jmod) (100,62 MHz, CD₃OD) Tableau 10

III.4.2.2. Acétylation de l'acide Kaur-16-en-19-oique $C_{22}H_{32}O_4$

Cristaux blancs dans le mélange hexane /Acétate d'éthyle: PF 258-260 °C.

$[\alpha]_D^{32,5}$ -99 (c: 0,05 dans CHCl₃)

SMHR- TOF m/z: : [M+H]⁺ 361,2340

MS-TOF m/z (rel. int.): 301 (20)

IR $\nu(cm^{-1})$ 2931, 1692 (COOH); 1650, 900, 872 (une double liaison exo-methylène. cyclique)

RMN ^{1}H (400,13 MHz, CDCl₃) et ^{13}C (Jmod) (100,62 MHz, CDCl₃) Tableau 11

III.4.3. LES TRITERPENOÏDES

III.4.3.1. SB2: Acide 3β-Hydroxyolean-12- en-28-oique :

Poudre blanche cristallise dans le mélange Hexane –Acétate d'éthyle.

PF 305-307°C; $[\alpha]_D$ = +78.0 (CHCl₃)

Formule brute $C_{30}H_{48}O_3$

Spectre de masse (SMIC) [M+Na⁺]⁺ m/z 479,6 et [M- H]⁻ ; 455,4 [M+H]⁺

Spectre RMN ^{1}H (300,13 MHz, DMSO-d₆) δ (ppm) 0,66 (3H, s); 0,70(3H, s); 0,84 (3H, s);

0,88 (3H, s) 0,86 (3H, s); 1,00 (3H, s); 1,08 (3H, s); 4,23 (1H, dd, J= 10,8; 6,4 Hz); 5,15 (1H, t, J= 3,5Hz); 2,71 (1H, dd, J= 3,5; 4,5 Hz)

Spectre RMN ^{13}C (Jmod) (100,62 MHz, DMSO-d$_6$) Tableau 13

Spectre de masse (SMIE) m/z (rel. int.): 248 (100); 203 (87).

III.4.3.2. SB3: Acide 3β-acetoxy-olean-12- en-28-oique

Poudre blanche cristallise dans le mélange Hexane –Acetate d'éthyle.

PF 261-262°C; [α]$_D$ +74 (CHCl$_3$)

(SMHR-TOF) [M+H]$^+$ m/z 499,3772

Formule brute C$_{32}$H$_{50}$O$_4$

Spectre RMN ^{1}H (300,13 MHz, CDCL$_3$) δ (ppm) 0,70(3H, s); 0,80 (3H, s); 0,81(3H, s) 0,85 (3H, s); 0,90 (3H, s); 0,95 (3H, s); 1,10 (3H, s); 2,05(3H, s); 4,56 (1H, dd, J = 10,8; 6,4 Hz); 5,25 (1H, t, J= 3,5Hz); 2,80 (1H, dd, J = 3,5; 4,5 Hz)

Spectre RMN ^{13}C (Jmod) (100,62 MHz, CDCL$_3$) Tableau 14

(SMIE) m/z (rel. int.): 248 (100); 250 (87)

III.4.4. LES STEROÏDES

III.4.4.1. CC4: Stigmastérol

PF 154-156°C

(SMIC) m/z [M-H]$^+$ à m/z 413

Formule brute C$_{29}$H$_{48}$O

RMN ^{1}H (300,13 MHz, DMSO-d$_6$) δ$_H$ (ppm) 0,70 (3H, d, J =7.2 Hz); 0.80 (3H, d, J= 4,6Hz). 0,93 (3H, d, J= 4,1Hz) ; 0,86 (3H, d, J = 4,2 Hz) 1.03 (3H, s) ; 1.01 (3H, s); 3,50 (1H, m) 5,295,14 et 5,02

RMN ^{13}C (100,62 MHz DMSO-d$_6$) Tableau 15

III.4.4.2. CC5: Stigmastérol-3-O-β-D-glucopyranose

PF: 296-298°C.

Spectre de masse (SMIC) [M +Na]$^+$ m/z 597

Formule brute C$_{35}$H$_{58}$O$_6$

RMN ^{1}H (300,13 MHz, DMSO-d$_6$) δ$_H$ (ppm) 4,21 (1H, d, J = 10,1 Hz)

RMN ^{13}C (100,62 MHz DMSO-d$_6$) Tableau 16

III.4.4.3. CC6: Ergostérol-3-O-β-D-Galactopyranopyranose :

PF: 202-204°C

[M -H]⁻ m/z 558

Formule brute $C_{34}H_{54}O_6$

RMN ¹H (300,13 MHz, C_5D_5N) δ_H (ppm) 1,25 (3H, s) et 0,98 (3H, s) 0,66 (3H, d, J = 6,6 Hz); 0 ,87 (3H, d, J = 7,2 Hz); 0,90 (3H, d, J = 7.3 Hz); 3,96 (1H, m); 5,06 (1H, d, J = 11,5 Hz); 5,01 (1H, d, J = 12,0 Hz).

RMN ¹³ C (100,62 MHz, C_5D_5N) Tableau 16

III.4.4.4. CC7: 6-O-β-D-glucopyranosyl-D-fructofuranose

PF 184-186°C; [α]$_D$ +65,8 (H_2O).

Formule brute $C_{12}H_{22}O_{11}$

Spectre RMN ¹H (300, 13 MHz, DMSO) et ¹³C (Jmod) (75,46 MHz, DMSO) Tableau 20

III.4.5. LES ACETOGENINES

III.4.5.1. SB1: Octacosan-1-ol

PF 82-84 °C

Poudre blanche cristallise dans le mélange Hexane –Acétate d'éthyle. PF 82-84 °C

(SMIE) [M]⁺ m/z =410

Formule brute $C_{28}H_{58}O$

RMN ¹H (300,13 MHz, CDCL₃) δ (ppm) 4,02 (2H, t, J = 6,7 Hz); 2,01 (2H, t, J = 6,5 Hz); 1,23 (52H, s, $(CH_2)_{26}$) ; 0,89 (3H, t, 6,2 Hz).

RMN ¹³C (Jmod) (100,62 MHz, CDCL₃) Tableau 17

(SMIE) m/z (rel. int.): 409; 392; 364; 336

III.4.5.2 SB5.(3'E)-(1α)-3-hydroxymethyl-4β,5α-dimethoxycyclohex-2-enyloctadec-3'-enoate

Formule brute $C_{27}H_{48}O_5$

Poudre blanche dans le mélange hexane /Acétate d'éthyle, PF: 162-164 °C

(SMHR- TOF) [M+H]⁺ m/z = 453.7821

RMN ¹H (400,13 MHz, pyridine) et RMN ¹³C (Jmod) (100,62 MHz, pyridine) Tableau 18

- Hydrolyse de la (3'E)-(1α)-3-hydroxymethyl-4β,5α-dimethoxycyclohex-2-enyloctadec-3'-enoate ($C_{18}H_{34}O_2$)

Cristaux blancs dans le mélange hexane /Acétate d'éthyle PF 63-65 °C.

IR ν(cm⁻¹) 2931, 1692 (COOH); 1650, 900, 872 (double liaison)

RMN ¹H (400,13 MHz, CDCl₃) Tableau 19

CHAPITRE IV

REFERENCE

Ali, A., Dabur, R., Singh, H., Gupta, J., Sharma, G. L. A novel antifungal pyrrole derivative from *Datura metel* leaves. *Pharmazie* (2004): **25**, 568-570.

Asada, H., Miyase., Fukushima, S. Sesquiterpene lactones from *Ixeris tamagawaensis*. *Chemical Pharmaceutical Bulletin* (1984): **32**, 3036-3042.

Asakawa, Y., Takemoto, T. Sesquiterpene lactones of *Conocephalum conicum*. *Phytochemistry* (1979): **18**, 285-288.

Babcock, G., Hutchison, J., Dalziel, J. M. *Flora of West Tropical Africa*. 1931. 2eme Ed., New York: Wiley, p178.

Babcock, G., Hutchison, J., Dalziel, J. M. *American Archaeology and Ethnology* 1963. 2eme Ed., University of California.Wiley, pp 294-346.

Barbetti, P., Casinovi, C. G., Santurbano, B., Longo, R., A grosheimin. epimer from *crepis virens*. *Collection Czechoslov Chemical Communications* (1979): **44**, 3123-3127.

Bautita, P.J., Stubing, G., Figuerola, R. Guia de las plantas Medicinales de la communidad valenciana. 1991. Las provincias, Valencia.p305.

Beekman, A. C., Woerdenbag, H. J., Pras, N., Konings, A.W.T., Schmidt, T.J. Structure-cytotoxicity, relationships of some helenanolide-type sesquiterpene lactone. *Journal of Natural Products* (1997): **60**, 252-257.

Benjamín Rodríguez. Sterols from *Teucrium abutiloides* and *T. Betonicum*. *Phytochemistry* (1996): **43**, 613-615.

Biholong, M. Contribution à l'étude de la flore du Cameroun: Les Astéracées. Thèse de Doctorat.1986. Université de Bordeaux 24 novembre.pp114-115.

Bohlmann, F., Zdero, C., Berger, D., Suwita, A., Mahanta, P., Jeffrey, C. Naturlich Vorkommende Terpen-Derivate, 160. Neue Furanoeremophilane und weitere Inhaltsstoe aus Sudafrikanischen *Senecio-Arten*. *Phytochemistry* (1979): **18**, 79-81.

Bohlmann, F., Zdero, C Sandaracopimarene derivatives from *Senecio subrubriflorus*. *Phytochemistry* (1982): **21**, 1697-1700.

Bohlmann, F., Zdero, C., King, R. M., Robinson, H The first acetylenic monoterpene and other constituents from *Senecio clevelandi*. *Phytochemistry* (1981): **20**, 2425-2427.

Bohlmann, F., Schmeda-Hirschmann, G., Jakupovic, J., King, R. M., Robinson, H.

Germacranolides from *Gochnatia vernonioides*. *Phytochemistry* (1984): **23**, 1989-1993.

Bohlmann, F., Karl-Heinz Knoll., Zdero, C., Pradip K. M., Grenz, M., Suwita, A., Ehlers, D., Le Van, Ngo., Wolf-Rainer, A., Anant, A., Natu Terpen-derivate aus *Senecio-arten*. *Phytochemistry* (1977): **16**, 965-985.

Bohlmann, F., Ferdinand Bohlmann and Karl-Heinz Knoll Weitere furanoeremophilane aus *Othonna-arten*. *Phytochemistry* (1978): **17**, 461-465.

Bohlmann, F., Zdero, C., Jakupovic, J., Misra, L. N., Banerjee, S., Singh, P., Baruah, R. N., Metwally, M. A., Schmeda-Hirschmann, G., Leszek P. D. V., King, R. M., Robinson, H Eremophilane derivatives and other constituents from *Senecio* species. *Phytochemistry* (1985): **24**, 1249-1261.

Bok, J. W., Lermer, L., Chilton, J., Klingeman, H. G., Towers Neil, G. H. Antitumor sterols from the *mycelia of Cordyceps sinensis*. *Phytochemistry* (1999): **51**, 891-898.

Bondi, M.L., Bruno, M., Piozzi, F., Husnu, K., Baser, C., Simmonds, M.S.J. Diversity and antifeedant activity of diterpenes from *Turkish* species of *Sideritis*. *Biochemical Systhematic Ecology* (2000): **28**, 299–303.

Bruneton, J. Pharmacognosie, Phytochimie, Plantes médicinales. 2eme ed., 1993 Lavoisier Paris pp 537-546.

.Bruneton, J. Pharmacognosie. Phytochimie Plantes médicinales 2eme ed., 1993 Lavoisier, Paris pp 500-509.

Bruno, M., Roselli, S., Pibiri, I., Kilgore, N., Lee, K-H., Anti-HIV agents derived from ent-kaurane diterpenoid linearol. *Journal Natural Product* (2002), **65**, 1594–1597.

Bruno, M., Roselli, S., Pibiri, I., Piozzi, F., Bondi, M.L., Simmonds, M. S. J., Semisynthetic derivatives of ent-kauranes and their antifeedant activity. *Phytochemistry* (2001), **58**, 463–474.

Buckingham, J. Dictionary of Natural Product. 2eme Ed., 1991. Chapman & Hall. London

Cheng, P.Y., Guo, Y.W., Xu, M.J., Zhong Yao, T. B Pharmaceutical prospects of Rabdosia species. *Phytochemistry* (1987): **12**, 707-709.

Cheng, D. L., Xiao-Ping, C., Cheng. J. K., Roeder, E Diterpene glycosides from *Senecio rufus*. *Phytochemistry* (1993): **32**, 151-153.

Corbella, A., Gariboldi, P., ommi, G., Samek, J, Z.., Holub, M., Drozdz., B. Błoszyk, E. Absolute stereochemistry of cynaropicrin and related guaianolides. *Tetrahedron Letters* (1971): **50**, 4775-4778.

Corbella, E., Masera, G., Uderzo, C., Carnelli, V. Sequential therapy with daunorubicin and L-asparaginase in relapses of acute lymphoblastic leukemia in children. *Acta*

Haematology (1978): **59**, 205-214.

Cordell, B., Geoffrey, A. Changing strategies in natural products chemistry. *Phytochemistry* (1995): **40**, 1585-1587.

Dayan, F.E., Hernández, A., Allen, S. N., Moraes, R. M., Vroman, J. A., Avery, M. A., Duke, S.O. Comparative phytotoxicity of artemisinin and several sesquiterpene analogues. *Phytochemistry* (1999): **50**, 607-614.

Dominguez, X.A., Marroquin, J., Cardenas, Medicinal plants from Mexico. Part XXII. Isolation of zaluzanin-C a citotoxic sesquiterpene lactone from *Zaluzania parthenoides*. *Planta Medica* (1975): **28**, 89-91.

Dupre, S., Grenz, M., Jakupovic, J., Bohlmann, F., Niemeyer, H. M Eremophilane Germacrane and Shikimic acid derivatives from Chilean *Senecio* species. *Phytochemistry* (1991): **30**, 1211-1220.

Fleurentin, J., Hoefler, C., Lexa, A., Mortier, F., Pelt, J. M. Hepatoprotective properties of *Crepis rueppellii* and *Anisotes trisulcus*. *Traditional Medicinal Plants of Yemen* (1991): **31**. 245-249.

Gaspar, H., Brito Palma, F. M. S., María C. de la Torre., Rodríguez, B. Sterols from *Teucrium abutiloides* and *T. Betonicum*. *Phytochemistry* (1996): **43**, 613-615.

Guignard, D. *Journal of Biochimie végétale*. Ed., 2000 Dudod, Paris pp155-218.

Gunstone, F.D., McLaughlan, J., Scrimgeour, C. M., Watson, A.P Improved procedures for the isolation of pure oleic, linoleic, and linolenic acids or their methyl esters from natural sources. *Journal of the Science of Food and Agriculture* (1976): **27**, 675-680.

Gunstone, F.D. Polard, M.R., Scrimgeour, C.M., Vedanayagam, H. S, Fatty acids. Part 50. ^{13}C nuclear magnetic resonance studies of olefinic fatty acids and esters *Chemistry. Physic. Lipids.* (1977): **18**, 115-129.

Plattner, R. D (−)-(S,S)-12-hydroxy-13-octadec-cis-9-enolide, a 14-membered lactone from *Crepis conyzaefolia* seed oil. *Phytochemistry* (1977): **16**, 764-766.

Gayland, F., Spencer, R. W. M Epoxyoctadecadienoic acids from *Crepis conyzaefolia* seed oil. *Phytochemistry* (1977): **16**, 282-284.

Halim, A. F., Zaghloul, A M., Zdero, C., Bohlmann, F. Further guaianolides from *arctotis grandis*. *Phytochemistry* (1983): **22**, 1510-1515.

Heckel, E. Catalogue alphabétique des plantes utiles et en particulier des plantes médicinales et toxiques de Mad. avec leurs noms malgaches et leurs emplois, in *Annual.Museum.*, Ed., 1910. Colonies Marseille pp 372-373 ;

Herbert, R.B. in *The Biosynthesis of Secondary Metabolites, Ed* 1989.Chapman & Hall. P 225.

Humbert, H., *Flore du Jardin Botanique Limbe*, N°13468, Ed., 1962. p 735.

Humbert, H., *Flore de Madagascar et des Comores,* 189 famille, Ed., 1962. p 735.

Jacobsson, U., Kumar, V., Saminathan, S , Sesquiterpene lactones from *Michelia champaca.* *Phytochemistry* (1995): **39**, 839 –843.

Jukupovic, J., Shuster, A., Bohlmann, F., Dillon, M. O ; Guaianolides and other constituents from *Liabum floribundum. Phytochemistry.* (1988): **27**, 1771.

Kastner, U., Jurenitsch, J., Glasl, S., Baumann, A., Robien, W., Kubelka, W. Proazulenes from *Achillea asplenifolia. Phytochemistry* (1992): **31**, 4361-4362.

Kisiel, W. *Two new guaianolides from Crepis capillaries. Pologne Journal Chemistry*(1983): **57**, 139-143.

Kisiel, W. *8-Epidesacylcynaropicrin from Crepis capillaris. Planta Medica* (1983): **49**, 246-247.

Kisiel, W ; Sesquiterpene lactones glycosides *from Crepis capillaris. Phytochemistry* (1984): **23**, 1955-1958.

Kisiel, W. Barszcz, B. *Sesquiterpène lactones from Crépis tectorium. Phytochemistry* (1989): **28**, 2403-2404.

Kisiel, W., Barszcz, B. Sesquiterpene lactones glycosides from *Crepis pyrenaica. Phytochemistry* (1995): **39**, 1395-139.

Kisiel, W., Barszcz, B ; Sesquiterpène lactones from *Crépis rhoedifolia. Phytochemistry* (1996): **45**, 823-825.

Kisiel, W., Jakupovic, J., Huneck, S. Guaianolides from *crepis crocea. Phytochemistry* (1993): **35**, 269-270.

Kisiel, W., Zielinska, K., Swati Joshi, P. Sesquiterpenoids and phenolics from *Crepis mollis. Phytochemistry* (2000): **54**, 763-766.

Kisiel, W., Zielinska, K. Guaianolides from *Cichorium intybus* and structure revision of *cichorium* sesquiterpene lactones. *Phytochemistry* (2001): **57**, 523-527.

Kisiel, W., Mikalska, K., Szneler, E. Sesquiterpene lactones from *Crepis zacintha. Phytochemistry* (2002): **76,** 1571-1576.

Lemée, A. Dictionnaire descriptif et synonymique des genres de plantes phanérogames. Tome

II : CE-ERO. EREST.Eds 1930.rue d'Algérie. pp 115-118.

Lewis, W. H and Elvis, M. P. F. Medical botany. 1977. New-york Wiley pp 322-324.

Lih, C., Zhou, L., In vitro antiviral activity of three enantiomeric sesquiterpene lactone from *Senecio* species against hepatis B virus. *Journal Antiviral Chemistry* (2005): **16**, 277-282.

Rodriguez-Linde, M.E., Diaz, R.M., Garcia-Granados, A., Quevedo-Sarmeinto, J., Moreno, E., Onorato, M.R., Parra,A., Ramos-Comenzana, A. Antimicrobial activity of natural and semisynthetic diterpenoids from *Sideritis spp Microbios*. *Phytochemistry* (1994): **77**, 7-13.

Lu, T., Vargas, D, Scott G. F., Fischer, N. H. Diterpenes from *Solidago rugosa*. *Phytochemistry* (1995): **38**, 451-456.

Mabry, T.J., Gill, J. E. Sesquiterpene lactones and other Terpenoids in: Rosenthal, G.A, Janzen, D. Herbivores; Their Interaction with secondary Plant Metabolites. Academic Press, Inc, Eds. 1979 New York pp502-538.

Macias, F.A., Galindo, J.C.G., Molinillo, J.M.G., Castellano, D. Dehydrozaluzanin C: a potent plant growth regulator with potential use as a natural herbicide template. *Phytochemistry* (2000): **54**, 165-171.

Maillard, M., Adewunmi, C.O., Hostettmann, K. A triterpene glycoside from the fruits of *Tetrapleura tetraptera*. *Phytochemistry* (1992): **31**, 1321–1323.

Manito, P and Sammes, P.G *Biosynthesis of Natural products* Ed 1981. London. Wiley and sons pp266-267.

Mann, J Secondary metabolism, Oxford chemistry series. 1980.Oxford.Wiley and sons p118.

Marcel, M., Vrieling, K., Klinkhamer, P. G. Variation in pyrrolizidine alkaloid patterns of *Senecio jacobaea*. *Phytochemistry*. (2004): **65**, 865-873.

Marles, R. J., Pazos-Sanou, L., Compadre, C. M., Pezzuto, J. M., Bloszyk, E., & Arneson, J. Sesquiterpène lactones revisited recent developments in the assessment of biological activities and structure relationships. Recent advances in *Phytochemistry*. (1995): **29**, 333-356.

Mercer, I. E., Carrier, R. D. Ergosterol biosynthesis in *Mucor pusillus*. *Phytochemistry, (*1976): **15**, 283-286.

Mitsher, L A., Leu, R., Bathala, M. S., Wu, W., Beal, J. L. Antimicrobial agents from higher plants. I. Introduction, rational and methodology. *Lloydia* (1976): **35**,157-166.

Mitscher, L A. and Wagman, G. Isolation, Separation and Purification of Antibiotics. Eds., 1977. Amsterdam: Elsevier. pp 1776–1778.

Newall, C.A., and Phillipson, D. J. Herbal Medicines. A Guide for Healthcare Professionals. 1996 London: Pharmaceutical p 244.

Okunade, A.L., Liu, S., Clark, A. M., Hufford, C.D., and Rogers, R. D. Sesquiterpene lactones from *Peucephyllum schottii*. *Phytochemistry (*1994): **35,** 191-194.

Piatak, D.M., Reimann, K.A. Isolation of 1-octacosanol from *Euphorbia corollata*. *Phytochemistry* (1970): **9,** 2585–2586.

Pernet, R and Meyer, G. *Pharmacopée de Madagascar.* 1957. Institut. de Recherche Scientifique. Tananarive-Tsimbazaza pp 1-80.

Piozzi, F., Savona, G., Hanson, J. R. Kaurenoid diterpenes from *Stachys lanata*. *Phytochemistry* (1980): **19,** 1237-1238.

Pradhan, B.P., Chakraborty, S., Ghosh, R K., Roy, A. Diterpenoid lactones from the roots of *Gynocardia odorata*. *Phytochemistry* (1995): **39,** 1399-1402.

Ragasa, C.y., Hofilena, J. G., Rideout, J.A. New furanoid diterpenes from *Caesalpinia pulcherrima*. *Journal of Natural Products* (2002): **8,** 1107-1110.

Resch, J. F., Meinwald, J. A revised structure for acetylheliosupine. *Phytochemistry* (1982): **21,** 2430-2431.

Reyes, B., Delgado, G Furanoeremophilanes from *Senecio andreuxii*. *Heterocycles* (1990): **31,** 1405-1408.

Roder, E., Wiedenfeld, H., Frisse, M Pyrrolizidinalkaloide aus *Senecio doronicum*. *Phytochemistry* (1980): **19,** 1275-1277.

Rodriguez-Linde, M.E., Diaz, R.M., Garcia-Granados, A., Quevedo-Sarmiento, J., Moreno, E., Honorato, M.E., Parra, A., Ramos-Cormenzana, A. Antimicrobial activity of natural and semisynthetic diterpenoids from *Sideritis spp. Microbios. Phytochemistry* (1994): **77,** 7–13.

Rossi, C., Evidente, A., Menghini, A. A Nor-Sesquiterpene lactones found in *Crepis pygmea*. *Phytochemistry*. (1985): **24,** 603-604.

Roy, S. K., ali, M., Sharma, M. P., Ramachandram, R. New pentacyclic triterpenes from *Crepis napifera*. *Pharmazie* (2001): **56,** 244-246.

Rucker, G., Manns, D., Schenkel, E. P., Hartmann, R., Heinzmann, B.M. Triterpenes with a new 9-epi-cucurbitan skeleton from *Senecio selloi*. *Phytochemistry* (1999): **52,** 1587-

1591.

Rucker, G., Manns, D., Schenkel, E.P., Hartmann, R., Heinzmann, B, M. A triterpene ozonide from *Senecio selloi. Archives Pharmazie* (2003): **36**, 205-207.

Ruzicka, L. The isoprene rule and the biogenesis of terpenic compound. *Experientia* (1953): **9**, 357-367.

Samek, Z., Holub, M., Drozdz, B., Iommi, G., Corbella, A., Gariboldi, P. Sesquiterpenic lactones of the *cynara scolymus l.* species. *Tetrahedron Letters* (1971): **12**, 4775-4782.

Samyn, N., Kintz, P. Determination of "Ecstasy" components in alternative biological specimens. *Journal of Chromatography Biomedical Science Applied* (1999): **1-2**, 137-143.

Sarwar A. M., Chopra, N., Mohammed, A., Niwa, M. Oleanen and stigmasterol derivatives from *Ambroma augusta. Phytochemistry* (1996): **41**, 1197-1200.

Sell, H., Sell, M., Karl, L. P. Derivatives of d-Galacturonic acid. V. The Synthesis of the methyl esters of Cholesterol, Sitosterol, and Ergosterol triacetyl-d-Galacturonides. *Journal of Biological Chemistry.* (1938): **125**, 235-240.

Silverstein and Basler., Morili. Identification spectrométrique des composés organiques. 1998. 5eme ed., De Boeck University Australia pp165-279.

Spencer, G. F., Plattner, R. D., Miller W. *R* (–)-(S,S)-12-hydroxy-13-octadec-cis-9-enolide, a 14-membered lactone from *crepis conyzaefolia seed oil. Phytochemistry* (1977): **16**, 764-766.

Suau, R., Cuevas, A., Valpuesta, V., Reid, M. S. Arbutin and sucrose in the leaves of the resurrection plant *Myrothamnus flabellifolia. Phytochemistry* (1991): **30**, 2555-2556.

Sugama, K., Hayashi, K., Nakagawa, T., Mitsuhashi, H., Yoshida, N., Sesquiterpenoids from *petasites fragrans. Phytochemistry* (1983): **22**, 1619-1622.

Tchinda, A.T. Tane, P., Ayafor, J.F., Connolly, J. D Stigmastane derivatives and isovaleryl sucrose esters from *Vernonia guineensis (Asteraceae). Phytochemistry,* (2003): **63**, 841-846.

Toma, W., Trigo, J. R., Bensuaski de Paula, A, C., Souza, B. A., Monteiro, R. Preventive activity of pyrrolizidine alkaloids from *Senecio brasiliensis* (Asteraceae) on gastric and duodenal induced ulcer on mice and rats. *Journal of ethnopharmacology* (2004): **95**, 345-351.

Torres, P., Grande, C A. J., Anaya, J., Grande, M. Furanoeremophilane derivatives from *Senecio flavus. Phytochemistry* (1999): **52**, 1507-1513.

Toyota, M., Nakaishi, E., Asakawa, Y Terpenoid constituents of the new zealand liverwort

Jamesoniella tasmanica. Phytochemistry (1996): **43**, 1057-1064.

Turnbull, P.C., Kramer, J. M., Bacillus, In Burlows, A., Hausler, Jr. W. J., Hermann, K. I., Isenberg, H. D., Shadomy, H. J. *Manuals of Clinical Microbiology* 5eme ed., 1991. American. Society for Microbiology, Washington, DC, USA, pp.296-303.

Wedge, D.E, Galindo, J.C.G., Macia, F A Fungicidal activity of natural and synthétic sesquiterpène lactones analogues. *Phytochemistry* (2000): **53**, 747-757.

Wu, S. H., luo, X, D., Ma, Y.B., hao, X.J., Wu, D.G. Anti-gastric ulcer sesquiterpene lactone glycosides from *Crepis napifera. Chinese Chemical Letters* (2000): **11**, 711-712.

Yoshinori, A., Tsunematsu., T Sesquiterpene lactones of *Conocephalum conicum. Phytochemistry* (1978): **18**, 285-288.

Zidorn, C., Ellmerer-Muller Ersnt, P., Stuppner, H Guaianolides from *Calycocorcus stipitatus* and *Crepis tingitana. Phytochemistry* (1999): **50**, 1061-1062.

Zhao, Q. S., Tian, J., Yue, J. M., Lin, Z. W., & Sun, H. Dent-Kaurane diterpenoids from *Isodon angustifolius var. glabresecens. Journal of Natural Products* (1997): **60**, 1075-1078.

Zhi, Na., wei Xiang., Xue-Mei, Niu., Shuang-Xie, Mei., Zhong-Wen, Li., Chao-Ming, li., Han-Dong, sun. Diterpenoids from *Isodon enanderianus. Phytochemistry* (2002: **60**, 56-60.